U0236869

昆虫观察
第一课 蝉

[日] 安永一正 文图　黄 帆 译

昆虫观察
第一课 蝉

[日] 安永一正 文图　黄　帆　译

贵州出版集团　贵州人民出版社

公园里

八月，
一个炎热的午后，
到处都响起了
知了知了的叫声，
那是蝉在叫。
蝉在哪呢？

找到啦！

嘿！
挥起捕虫网，
朝趴在树上的蝉盖去。
蝉落网了吗？

捉到啦!

捉到了,
是油蝉。
它一边扑棱着翅膀,
一边唧唧大叫。
这是市区中
最常见的蝉。

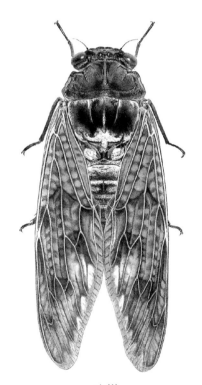

油蝉

※ 标本画是实物的1.5倍。

呜——呜呜呜——

树上传来了一阵不同的叫声，
是呜呜蝉的声音。
它翅膀透明，
身上有绿黑花纹，
鸣叫的时候，
会微微张开翅膀。

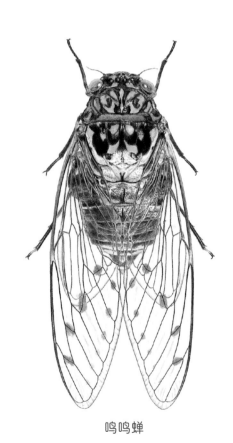

呜呜蝉

西昂 西昂 西昂……

远处传来一阵嘈杂又急切的叫声，
那是颜蚱蝉在叫。
它们个头大、身子黑，
常常好几只一起趴在一根树枝上。
你发现它们趴在哪儿了吗？

※ 答案在29页。

颜蚱蝉

11

蝉的身体

雄蝉叫，雌蝉不叫。
如果把它们的身体翻过来，
你会发现，雄蝉的肚子上有两片薄膜。
雌蝉的肚子上也有，
但很小，很不明显。
雌蝉和雄蝉的尾尖也不一样。

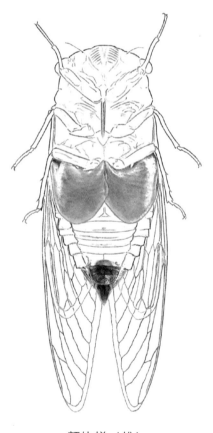

颜蚱蝉（雄）

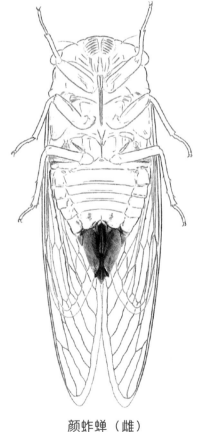

颜蚱蝉（雌）

鸣鸣蝉

鸣鸣蝉有两对翅膀，
一齐张开的样子真的很漂亮。
鸣鸣蝉飞得很快，
用捕虫网也很难捕捉到。

蝉的眼睛

蝉有五只眼睛，
除了长在脑袋两边的两只大眼睛（复眼），
中间还有三只小眼睛（单眼）。

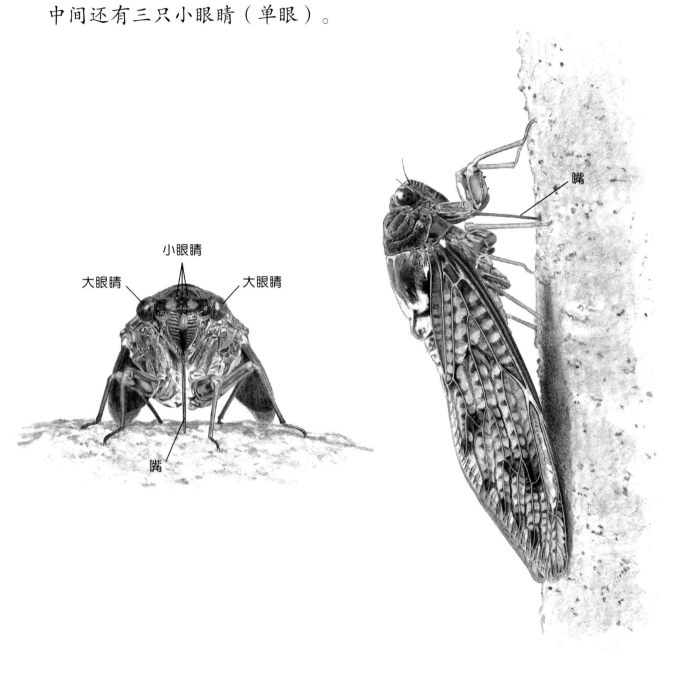

小眼睛

大眼睛　　　　　　大眼睛

嘴

嘴

嘴

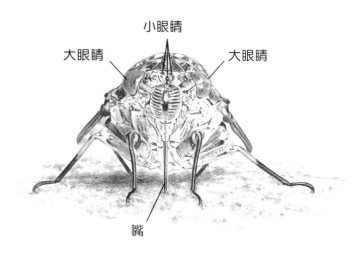

小眼睛

大眼睛　　　　大眼睛

嘴

蝉的嘴巴

树汁是蝉的食物。
蝉将针似的嘴贴在树上，
再将嘴里的细长管子插进树皮，
尽情吮吸，大快朵颐。

吱——

从樱花树上传来尖锐的蝉鸣，
这是蟪蛄的叫声。
蟪蛄是体型比较小的蝉，
翅膀与身体的纹路和树皮很像，
所以你很难发现它们在哪儿。

蟪蛄

喀纳喀纳喀纳……

这声音既寂寞又熟悉，
原来是蟪蝉在叫。
虽然白天偶尔也能听到，
但它们通常在清晨或黄昏的
树林里齐声鸣叫。

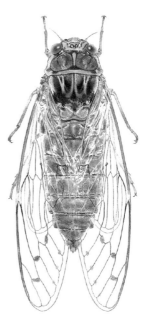

蟪蝉

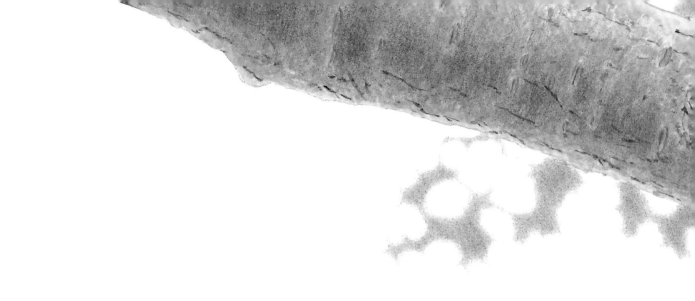

噢——唏——呲库呲库……

八月中元节前后，
经常能听到寒蝉的叫声。
它的叫声很有趣，
像是在反复唱一首歌。
你可以跟着它的叫声学学看。

寒蝉

小个子蝉

初秋的山上，
低矮的树木间
隐约传来喊喊喊喊的蝉鸣，
是指蝉在叫。
指蝉的个头比蟋蟀还小。

指蝉

个子和叫声
都又小又可爱。

蝉之最

日本最小的蝉，
是生活在冲绳和冲绳以南岛屿上的小帽枯蝉。
日本最大的蝉，
是生活在石垣岛和西表岛上的八重山颜蚱蝉。

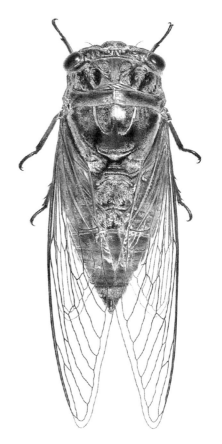

小帽枯蝉

喜欢趴在甘蔗、
芒草叶上，
唧——喊喊喊喊
地叫。

八重山颜蚱蝉

和颜蚱蝉长得一模一样，
但叫声完全不同。
真是有点不可思议。

蝉 报

·鸣鸣通讯社·

从卵成长为成虫

蝉在枯树枝或粗树的树皮上产卵，
以油蝉为例，我们来看看蝉是如何从卵成长为成虫的。

油蝉

产卵管

蝉卵

① 雌油蝉正将尾尖的产卵管
插进树中产卵呢。

土中的若虫

② 从蝉卵中孵出的若虫会钻进土里，
靠吸树根的汁液成长。
它们要在土里生活好几年。

③ 在一个梅雨过后的傍晚，
若虫向上挖出一个洞口，
从树旁钻了出来。

④ 若虫爬上了附近的树枝。
不一会儿，背上裂开一条缝，
开始羽化了。

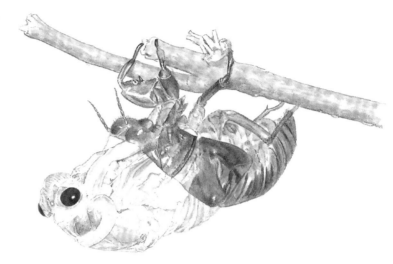

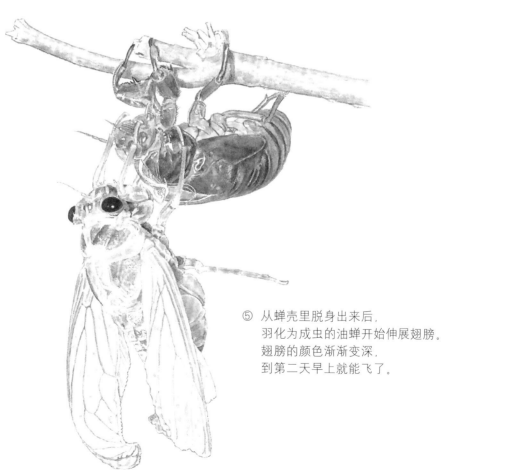

⑤ 从蝉壳里脱身出来后，
羽化为成虫的油蝉开始伸展翅膀。
翅膀的颜色渐渐变深，
到第二天早上就能飞了。

寻找蝉蜕去！

颜蚱蝉

两腿之间有一个凸出的部分。

螗蝉

颜色为茶色，
有光泽。

寒蝉

颜色浅，
身体部分细长。

蟪蛄

小且沾满了泥土。

鸣鸣蝉

常常两只蝉蜕
连在一起。
这是后出来的若虫
抓着前面的蝉蜕
羽化而形成的。

油蝉

我发现一个地方
集中了如此多的蝉蜕。
油蝉和鸣鸣蝉的蝉蜕
非常相似。

找找看哪里的地上孔洞多，说不定能在孔洞附近的
树上或草上找到三个重叠在一起的蝉蜕呢。

蝉是什么昆虫？

不同种类的蝉叫声不同，但几乎全是大嗓门，所以离得很远就能听到它们在叫。这在其他昆虫身上并不常见。

蝉是从虫卵变成若虫，再由若虫变为成虫的昆虫，与独角仙或蝴蝶不同，没有虫蛹期。若虫在土里生活，几年后才会爬出来。这个过程有快有慢。相关报告指出，有些种类的蝉要在土里生活7年才会爬出来，但有的会提前，有的会更晚，前后相差几年。不同种类的蝉，若虫期的时间也不一样。调查蝉的若虫在地下的生活是一件很麻烦的工作，因此被调查过的蝉的种类还相当有限。

成虫的寿命有的能达到3个月，有的只有短短1个月，虽然大部分成虫的寿命都很短，但比一般认为的一周还是要长一点的。

我们身边的6种蝉

在人们熟悉的蝉中，六月刚过就开始鸣叫的是蟪蛄。蟪蛄个子不大，"吱——"的叫声高亢而响亮，在近处听会显得很吵，还会让人有压迫感。它们羽化后，似乎就一直待在一个地方，不怎么挪动。

盛夏叫声最大的是油蝉，它是孩子们虫篮中的常客。关于它名字的由来，一种说法是它的叫声和用油炒菜的声音很像，另一种说法是因为它的翅膀和油纸很像。

鸣鸣蝉看起来相当漂亮，身上的绿黑花纹配上晶莹剔透的翅膀，十分引人注目。每只鸣鸣蝉身上的纹路都不太一样，其中也有全身都是绿色的，那可是昆虫爱好者的最爱。

颜蚱蝉无法在寒冷的地区生活，因此有颜蚱蝉的地方并不多。它喜欢待在高高的树梢上，因此即便听到它的叫声，也很难捕捉到它。大阪等地的市区公园里，曾出现过大量的颜蚱蝉，由于它们的叫声太大，以及它们在电缆中产卵导致了故障，一度成为人们的话题。颜蚱蝉长成成虫后，全身会覆盖上一层金色的细毛，拿在手上，能让人看得出神。

在常见的蝉中，叫声最富有感情色彩的是蟪蝉。蟪蝉喜欢潮湿阴暗的树林，到那种树林中走走，你就会看到它们一个接一个地从一棵树上飞到另一棵树上。它们所处的地方很暗，所以你很难看清它们的样子。蟪蝉常常在清晨和黄昏鸣叫，不过，在晴朗的白天，它们有时也会在山上大合唱。雄蟪蝉的腹部有一个空洞，逆着阳光看过去，显得很透明，而蝉鸣就是在这个空洞里产生的。

盛夏一过，叫声大增的是寒蝉。它的叫声抑扬顿挫，很有音乐感，甚至有人把它的叫声记录成谱。寒蝉偶尔也会变调，"哎——唏——呲库呲库"的叫声常让人忍俊不禁。

羽化

钻出地面的若虫变成成虫的情形，怎么看都让人觉得神奇。你要是想观察蝉的羽化，就要到地上有很多蝉蜕和孔洞的地方找。天色暗下来后，用手电筒在四周照照，你就能看到在地面和树干上爬行的若虫，以及它们开始羽化的样子。用手电筒照着洞穴，有时能看到正要出来的若虫。但如果一直照，若虫就不愿意出来了。要观看蝉的羽化需要耐心等待。羽化的现场常有喜欢吃若虫的蟾蜍，害怕的人要小心一点。

（安永一正）

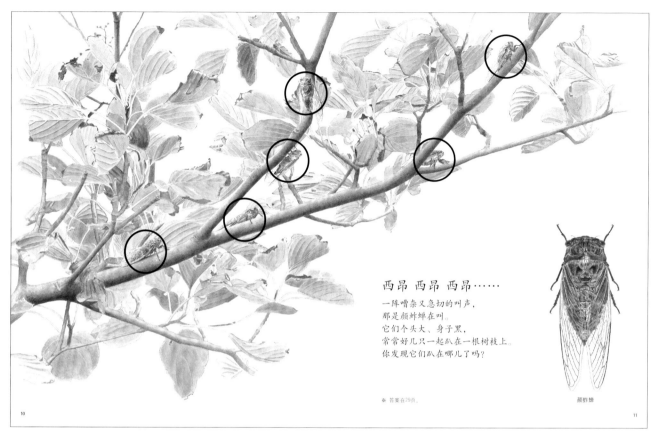

西昂 西昂 西昂……

一阵嘈杂又急切的叫声，
那是颜蚱蝉在叫。
它们个头大、身子黑，
常常好几只一起趴在一根树枝上。
你发现它们趴在哪儿了吗？

※ 答案在29页。

颜蚱蝉

※ 10~11页的答案：一共有6只蝉。

Semi

Copyright © 2010 by Kazumasa Yasunaga

First published in Japan in 2010 by FROEBEL-KAN COMPANY, LIMITED.

Simplified Chinese Translation copyright © 2022 by Beijing Dandelion Children's Book House Co., Ltd.

Through Future View Technology Ltd.

All rights reserved.

版权合同登记号 图字：22-2021-034

图书在版编目（CIP）数据

昆虫观察第一课．蝉／（日）安永一正文图；黄帆译．— 贵阳：贵州人民出版社，2022.5
ISBN 978-7-221-16697-5

Ⅰ. ①昆… Ⅱ. ①安…②黄… Ⅲ. ①昆虫—儿童读物②蝉科—儿童读物 Ⅳ. ①Q96-49②Q969.36-49

中国版本图书馆CIP数据核字(2021)第175882号

昆虫观察第一课·蝉
KUNCHONG GUANCHA DI-YI KE CHAN

策划／蒲公英童书馆 责任编辑／颜小鹏 执行编辑／李兰兰 装帧设计／王艳霞 责任印制／郑海鸥
出版发行／贵州出版集团 贵州人民出版社 地址／贵阳市观山湖区会展东路SOHO办公区A座 电话／010-85805785（编辑部）
印刷／北京华联印刷有限公司（010-87110703）
版次／2022年5月第1版 印次／2022年5月第1次印刷 开本／860mm×1092mm 1/16 印张／2.25 字数／28千字
定价／228.00元（全10册）
官方微博／weibo.com/poogoyo 微信公众号／pugongyingkids 蒲公英检索号／210401000

如发现图书印装质量问题，请与印刷厂联系调换／版权所有，翻版必究／未经许可，不得转载

昆虫观察
第一课 独角仙

[日] 安永一正 文图 黄 帆 译

昆虫观察第一课 独角仙

[日] 安永一正　文图　黄　帆　译

贵州出版集团　贵州人民出版社

夏季的杂木林

我们来到杂木林，
树液散发出酸甜的气味。
各种各样的昆虫
被这气味吸引，
聚集到了麻栎树上。

※ 2~3页上昆虫的名字
标注在第29页。

日拟阔花金龟

二色长绿天牛

曲带双纳夜蛾

日拟阔花金龟

鸱裳夜蛾

4

太阳刚落下……

树上就来了一群不一样的虫，
有些不到夜晚不出来，
与白天的昆虫交替出场。

葡萄天蛾

是谁呀？

你看树下，
有个东西正要
从落叶中钻出来。

钻出来的是谁呀？

是独角仙！

它长着一只神气的角，
白天在落叶丛中睡觉，
一到夜里，
就精神十足地活动起来。

嗡——

一阵声响传来，
又飞来一只独角仙，
它是在树液气味的
诱惑下飞来的。

独角仙展开前翅，
拍打着后翅飞行。

栎刺裳夜蛾

曲带双纳夜蛾

独角仙（雌）

独角仙（雄）

独角仙（雌）

鸱裳夜蛾

二色长绿天牛

独角仙（雄）
（

树液餐厅

肚子饿了的独角仙
都聚拢来了。
喜欢树液的昆虫们
让麻栎树一下子热闹了起来。

打架了！

哎呀，
两只独角仙打起来啦！

为了争夺食物和雌独角仙，
雄独角仙之间会打架。

打赢的一方会用长角
把对手掀起来，摔出去。

独角仙的身体

独角仙也叫双叉犀金龟。让我们观察一下它们的身体吧。

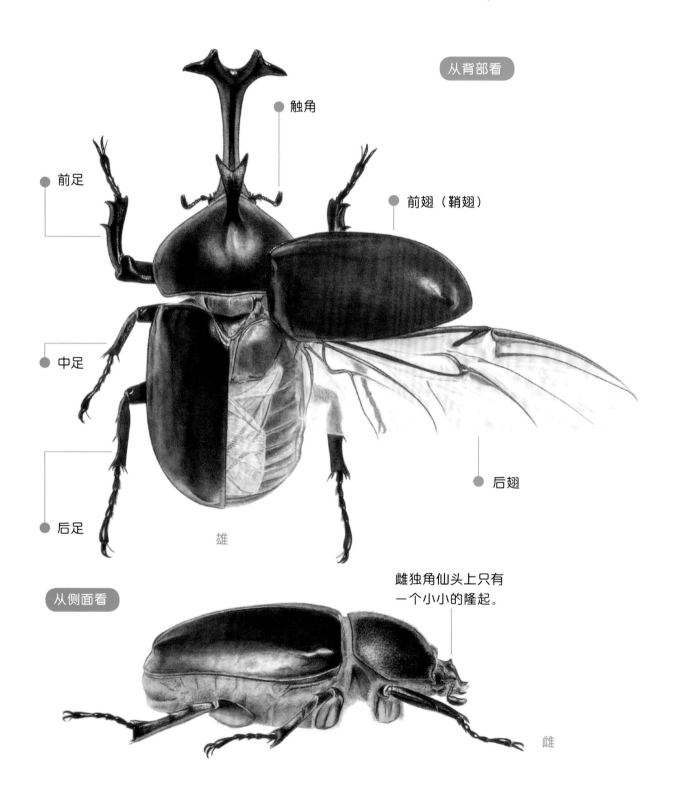

从背部看

触角

前足

前翅（鞘翅）

中足

后翅

后足

雄

从侧面看

雌独角仙头上只有
一个小小的隆起。

雌

有6条腿

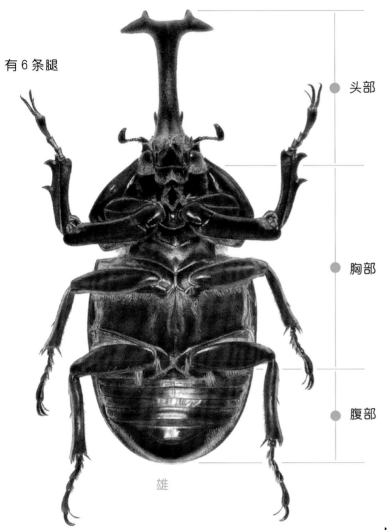

雄

● 头部

● 胸部

● 腹部

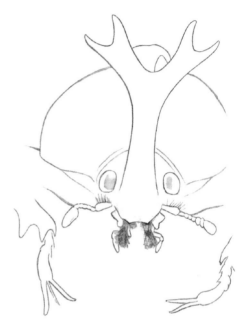

它们就是用嘴上这像刷子一样的
部分来吃树液的。

角 雄独角仙的头部和
胸部各有一只角。

雄

雄独角仙有一只很长的角，
雌独角仙没有。

偶遇雌独角仙······

在树液餐厅，
雄独角仙发现了雌独角仙。
为了繁育后代，
它们正在交尾。

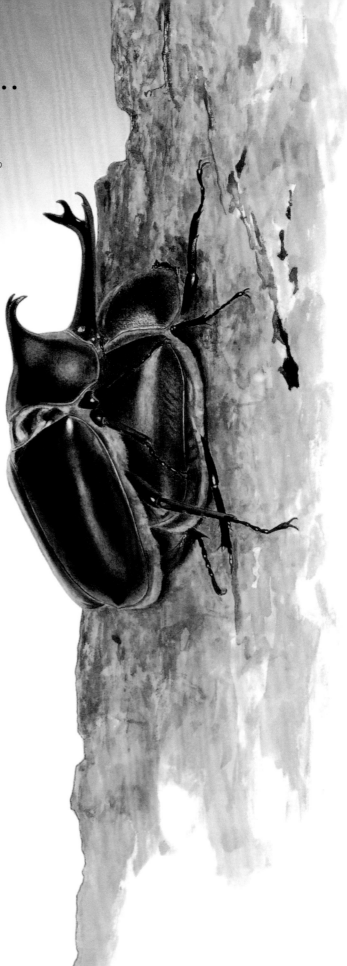

交尾后，
雌独角仙很快就飞走了，
它要去寻找产卵的地方。

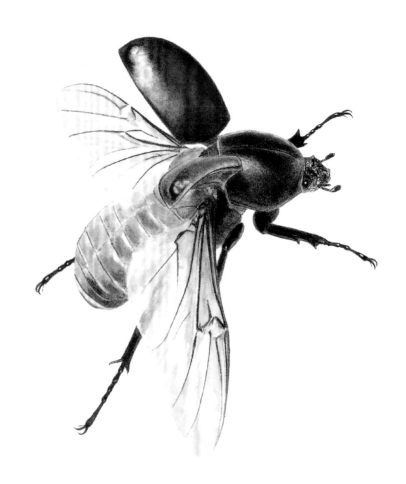

要产卵啦！

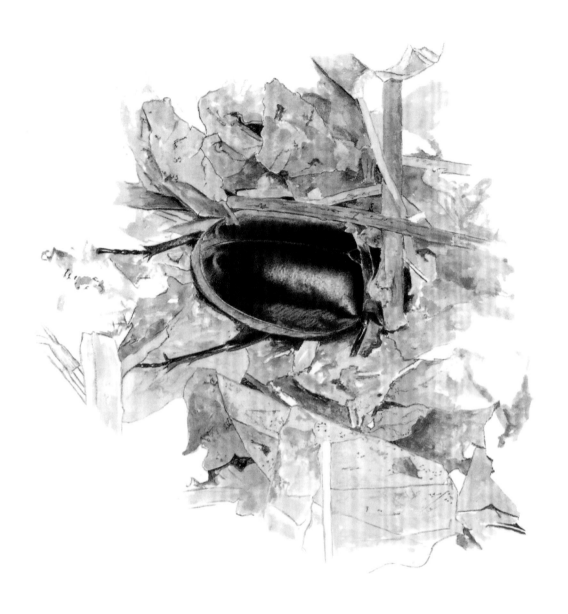

雌独角仙
找到一个落叶堆积如山的地方，
立刻就往里钻。

然后，
在腐烂的叶子下面
产下一粒粒卵。

从卵到蛹

夏季结束的时候，
幼虫从虫卵中诞生了。
独角仙会从幼虫变成蛹，
再从蛹变成成虫。

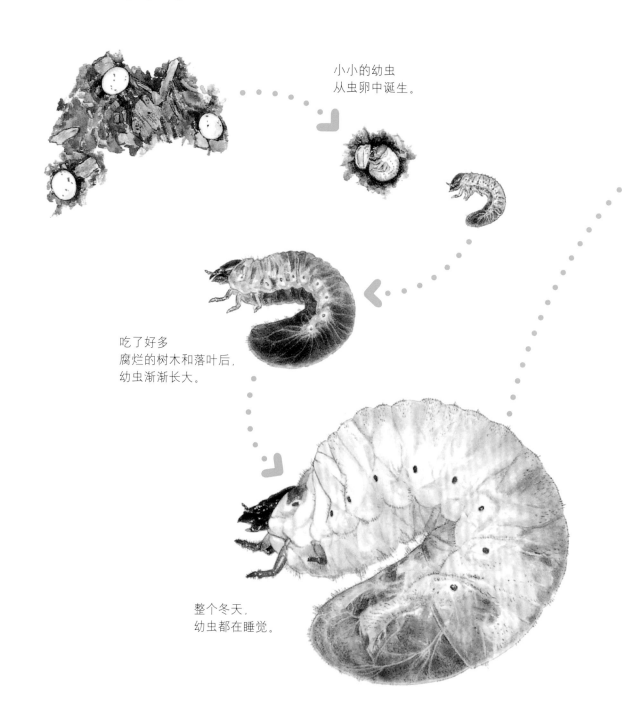

小小的幼虫
从虫卵中诞生。

吃了好多
腐烂的树木和落叶后，
幼虫渐渐长大。

整个冬天，
幼虫都在睡觉。

到了第二年初夏，
独角仙幼虫
会在土壤中的洞穴里
变成蛹。

刚一变成蛹，
雄独角仙的角
就显现出来了。

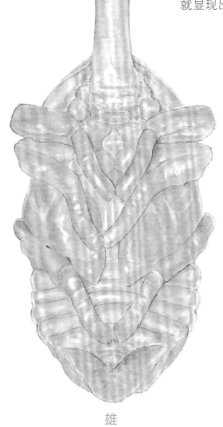

雄

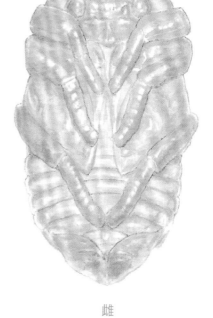

雌

独角仙
就要从土里钻出来啦！

独角仙报

·独角仙通讯社·

找到独角仙啦！

仔细看看，你会发现独角仙并不完全相同，每一只都有自己的特点。你找到的独角仙是什么样子呢？

有的雄独角仙
身体的颜色很黑。

有的雄独角仙角很短，
身体也很小巧。

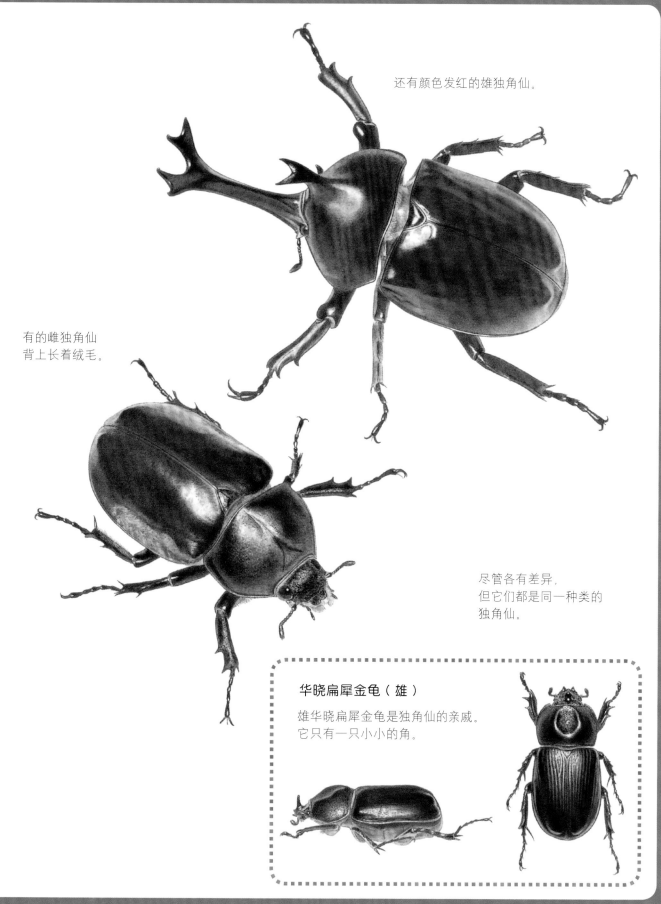

还有颜色发红的雄独角仙。

有的雌独角仙
背上长着绒毛。

尽管各有差异，
但它们都是同一种类的
独角仙。

华晓扁犀金龟（雄）

雄华晓扁犀金龟是独角仙的亲戚。
它只有一只小小的角。

动手来饲养独角仙！

如果雌、雄独角仙一起养，
雌独角仙可能会产卵。

箱子要放在通风的阴凉处。

● **箱子**

最好宽大一些。
如果独角仙在箱子里喷尿了，
要赶紧擦干净。

● **饲料**

果冻、苹果、香蕉、
桃子、菠萝……
甜味的水果都行。
如果水果腐烂了，
要赶紧取出。

● **枯叶**

多放些枯叶，
好让它们钻进去睡觉。

※ 独角仙在中国属"三有"保护动物，
捕捉、饲养、买卖要严格遵守当地法
律法规。

● **盖子**

独角仙有时会掀开盖子逃跑哦，
一定要盖好盖子。

● **栖木**

独角仙六脚朝天的时候，
脚要蹬着栖木才好翻身起来。

● **昆虫垫（朽木锯成的细末）**

要多放点儿，
雌虫才会产卵哦。

如果枯叶和昆虫垫干了，
要浇些水保持湿润，但不
要浇得湿淋淋的。

独角仙在哪里？

独角仙生活在离人类不远的地方，如耕地旁的麻栎、栎杂木林，比较高的山上是看不到它们的。夏天到杂木林里走走，只要找到它们爱吃的酸甜树液，独角仙就不难找了。

如果看到茶色的蝴蝶（参照第2页）、日拟阔花金龟、胡蜂在某处盘旋飞舞，那里就很可能有树液。要小心胡蜂。一般冲着树液来的胡蜂会专心吸食树液，不会主动攻击附近的人。假如它无意间飞向你，不要慌乱地用手去赶，不然会有被攻击的危险。跟着昆虫找到树液后，就在附近转转看，兴许能发现独角仙。独角仙被鸟啄食是常有的事，如果你能在地上看到独角仙的残骸，就可以确定它们会到这里来了。等天一黑，立即带上手电筒去侦查，按捺住内心的激动，用手电筒往树上照一照，要是能看到好多大个的独角仙就太好了！

寻找独角仙还有一个方法，就是夜里去有灯火的地方转转。独角仙有趋光性，但它们对光源比较挑剔。如果不知道独角仙喜欢什么样的光源，发现它们的概率就低一些。就像寻找树液一样，刚开始只能耐心地四处寻找。光源下面经常能发现雌独角仙。

杂木林的夏天

在我曾经到过的一片杂木林里，一个夏天就看到了近100只独角仙。一般来说，独角仙是夜行性昆虫，但在那片林子里，6月至7月上旬，即便是在白天，我在有树液的地方也见到了不少。晴天的午后，我曾亲眼看见雄独角仙在天空中堂而皇之地飞行。但是到了暑假期间，它们活动的时间就会转入夜里，白天确实不常见到了。

夜里一走进杂木林，就会有一种特别兴奋的感觉——因为不知道会发生什么事情。有一次，戴着头灯的我正向前走着，随着一阵急促的拍翅声和"咚"的一声响，有什么东西撞在了我头上，还紧贴着不放。我急忙一看，是独角仙。

还有一次，我正在观察麻栎树前的几只雄独角仙，它们突然打起架来。几只个头差不多大的雄独角仙打得最激烈，很快就分出了胜负。我跟着去看那些被摔出老远的雄独角仙，只见它们正犹豫着要不要立刻返回原地。也许是有自知之明吧，体格差异大的雄虫之间，只要大个的一摆出架势，小个的就立马撤退，打不起来。

独角仙的身体

在我们身边的昆虫中，独角仙是身体最有分量的，力气也很大，所以当你抓住它时，它的反抗或许会伤到你。这时候，如果是雄独角仙，只要抓住它的短角就可以了。有时角被抓住了，脚却还是自由的，它会不停地试着展翅飞走。平常，独角仙的后翅折叠起来收拢在背上，折叠的地方和折叠的方法都是固定的，构造非常精确。

每当我看着雄独角仙的两只角，就不得不佩服它们弯曲的弧度和分叉的分寸。短角向下弯曲，好像是有意设计出来的，只为打架时钩住对方的身体。雄独角仙长角的分枝也非常漂亮，这和形状是怎么形成的，构造是怎样的我们还不清楚。我就是觉得它的形状绝妙，非常不可思议。

（安永一正）

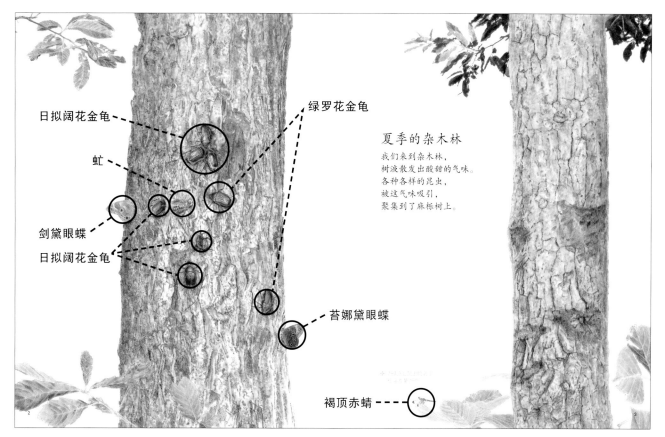

绿罗花金龟

日拟阔花金龟

虻

剑黛眼蝶

日拟阔花金龟

夏季的杂木林
我们来到杂木林，
树液散发出酸甜的气味。
各种各样的昆虫，
被这气味吸引，
聚集到了麻栎树上。

苔娜黛眼蝶

褐顶赤蜻

※ 2~3页的昆虫名字。

Kabutomushi

Copyright © 2007 by Kazumasa Yasunaga

First published in Japan in 2007 by FROEBEL-KAN COMPANY, LIMITED.

Simplified Chinese Translation copyright © 2022 by Beijing Dandelion Children's Book House Co., Ltd.

Through Future View Technology Ltd.

All rights reserved

版权合同登记号 图字: 22-2021-034

图书在版编目（CIP）数据

昆虫观察第一课. 独角仙 / （日）安永一正文图；
黄帆译. -- 贵阳：贵州人民出版社，2022.5
ISBN 978 7-221-16697-5

Ⅰ. ①昆… Ⅱ. ①安… ②黄… Ⅲ. ①昆虫—儿童读
物②独角仙科—儿童读物 Ⅳ. ①Q96-49②Q969.48-49

中国版本图书馆CIP数据核字(2021)第175884号

昆虫观察第一课·独角仙
KUNCHONG GUANCHA DI-YI KE DUJIAOXIAN

策划 / 蒲公英童书馆　责任编辑 / 颜小鹏　执行编辑 / 李兰兰　装帧设计 / 王艳霞　责任印制 / 郑海鸥
出版发行 / 贵州出版集团　贵州人民出版社　地址 / 贵阳市观山湖区会展东路SOHO办公区A座　电话 / 010-85805785（编辑部）
印刷 / 北京华联印刷有限公司（010-87110703）
版次 / 2022年5月第1版　印次 / 2022年5月第1次印刷　开本 / 860mm×1092mm 1/16　印张 / 2.25　字数 / 28千字
定价 / 228.00元（全10册）
官方微博 / weibo.com/poogoyo　微信公众号 / pugongyingkids　蒲公英检索号 / 210401000

如发现图书印装质量问题，请与印刷厂联系调换 / 版权所有，翻版必究 / 未经许可，不得转载

昆虫观察
第一课 蚂蚱

[日] 安永一正 文图　黄 帆 译

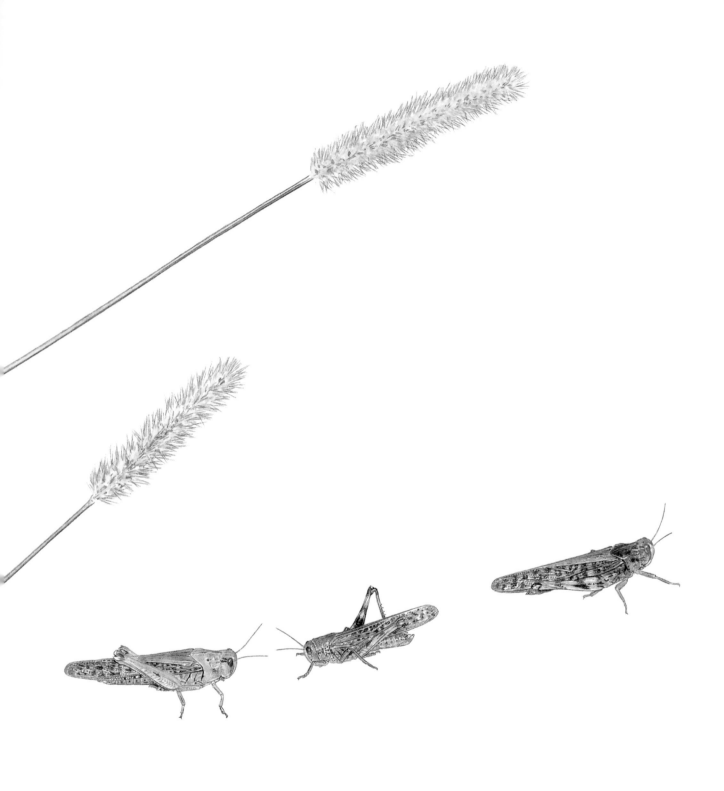

昆虫观察第一课 蚂蚱

[日] 安永一正 文图　黄 帆 译

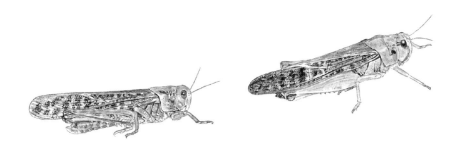

贵州出版集团　贵州人民出版社

晴朗的秋天

我们来到河边的草丛，
往草丛里一走，
啪嗒啪嗒，
蚂蚱接二连三地飞了出来。

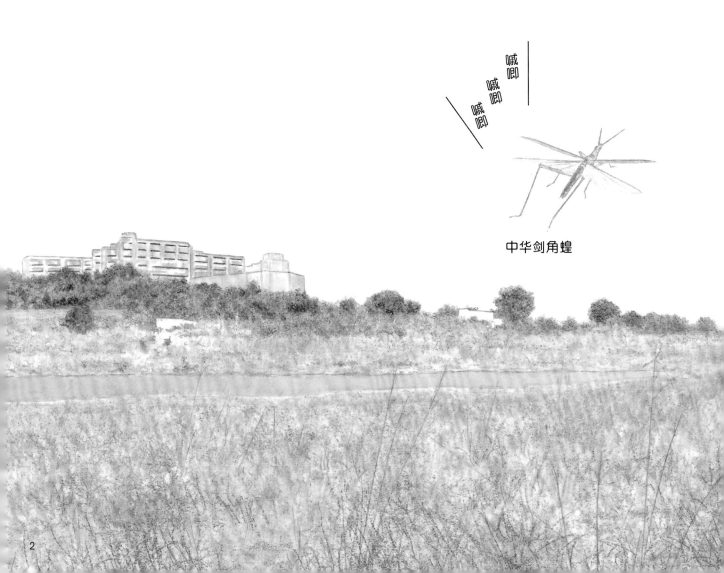

喊唧喊唧喊唧

中华剑角蝗

啪嗒 啪嗒 啪嗒

飞蝗

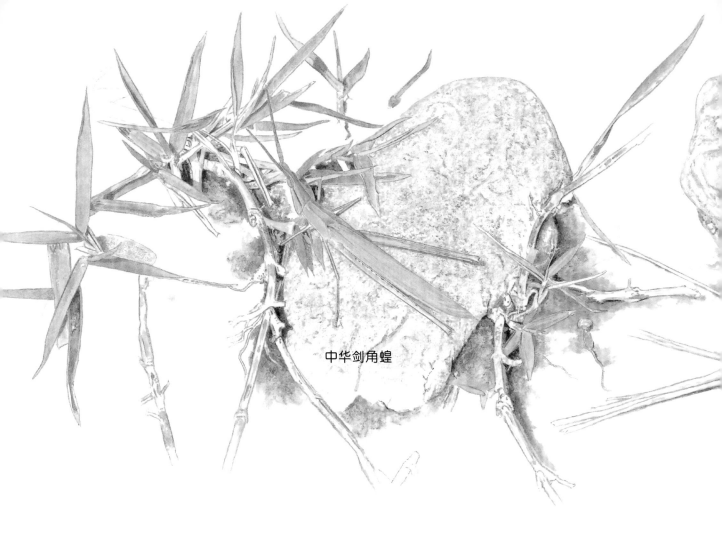

中华剑角蝗

跟踪

四下逃跑的蚂蚱落到了草丛中，
慢慢地靠近，别让它们跑了。
俯身一看，是中华剑角蝗和飞蝗，
它们都是河滩上常见的蚂蚱。
现在，让我们来仔细地观察观察它们吧。

克氏瓢虫
是河滩上常见的一种瓢虫。

飞蝗

瞿麦

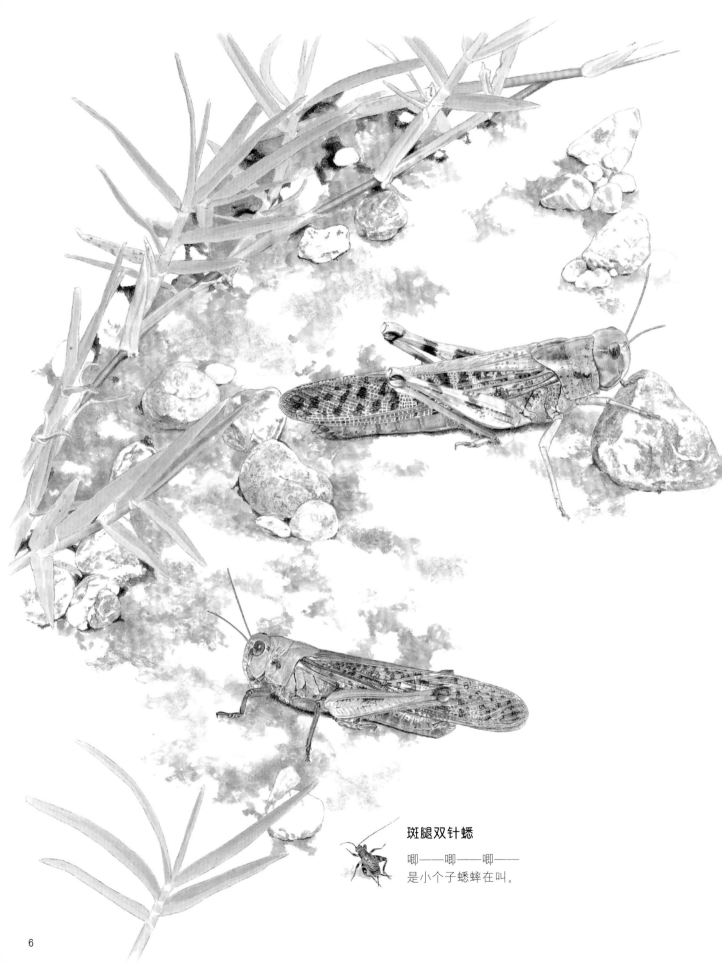

斑腿双针蟋

唧——唧——唧——
是小个子蟋蟀在叫。

飞蝗

飞蝗个子大且擅长飞行。
有绿色的飞蝗，也有灰色的，
虽然颜色不同，但都是飞蝗。
雄虫比雌虫稍微小一点，
飞起来啪嗒啪嗒作响。

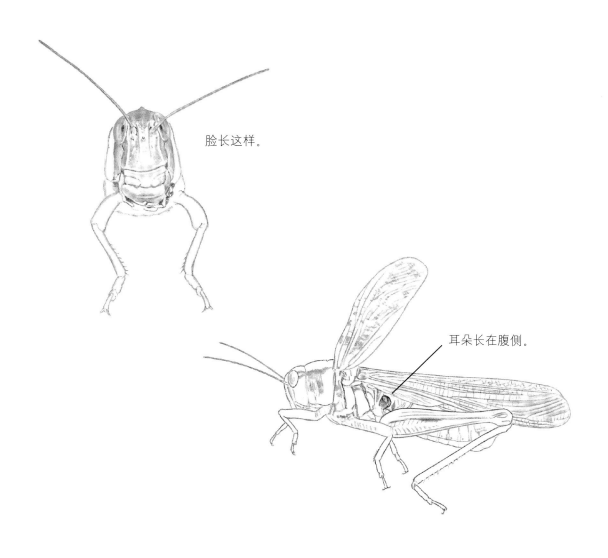

脸长这样。

耳朵长在腹侧。

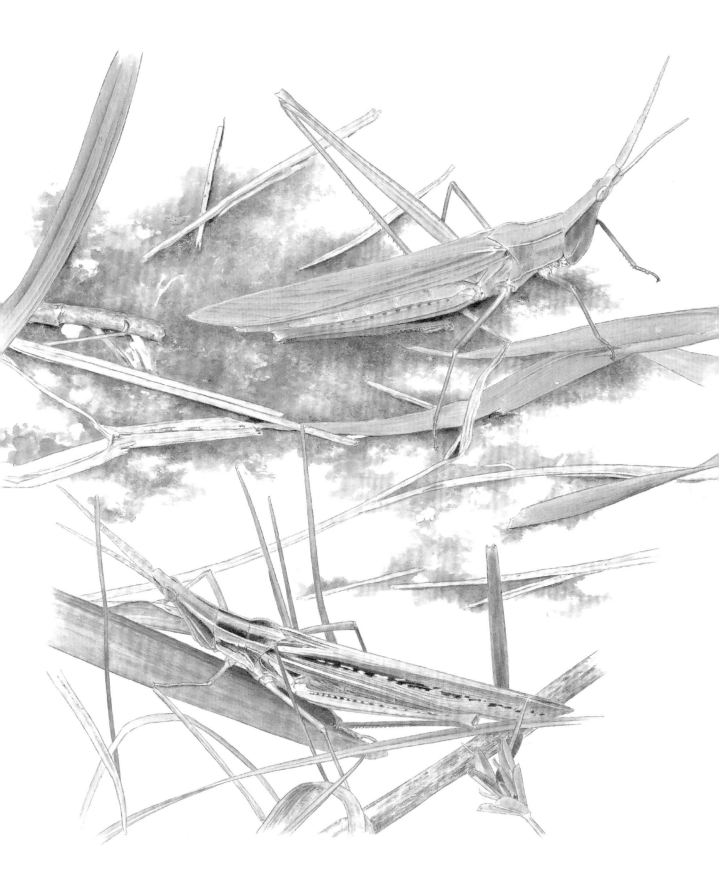

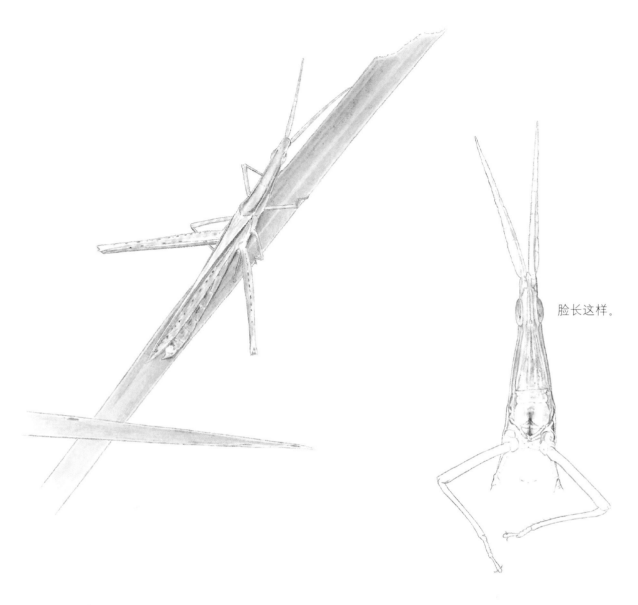

脸长这样。

中华剑角蝗

中华剑角蝗都长着尖尖的头，
但颜色和花纹却不尽相同。
中华剑角蝗的雌虫比飞蝗还大，但是不太会飞。
雄虫长得比雌虫小得多，却很能飞，
飞起来发出喊唧喊唧的声音。

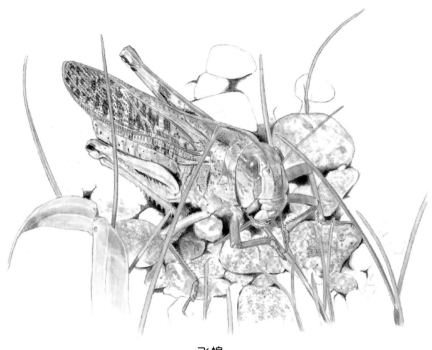

飞蝗

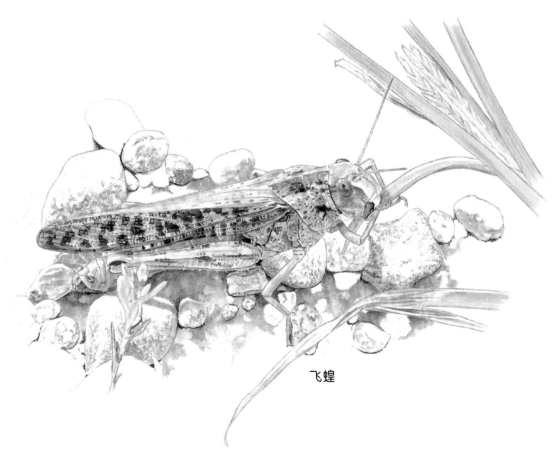

飞蝗

它们吃些什么呢？

蚂蚱的食物是草，
很多蚂蚱都非常喜欢细长的草。

飞蝗用前肢捧着草吃，
看上去姿态很优雅。

拽着草啃的是异色雏蝗，
它是河滩和野山上常见的小蚂蚱。

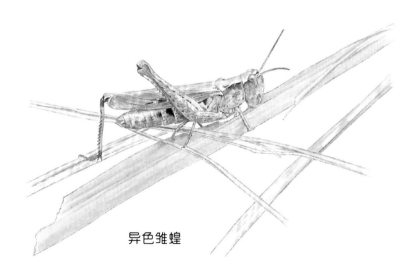

异色雏蝗

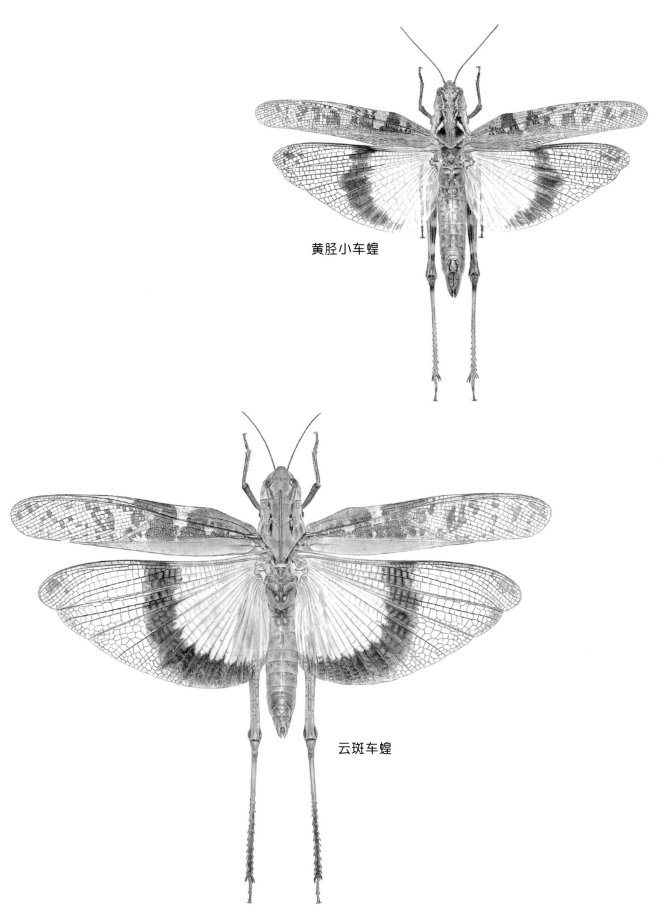

黄胫小车蝗

云斑车蝗

翅膀上有一道弧线

有的蚂蚱后翅上长着一道弧形花纹，
当它们张开翅膀时才能看见。
云斑车蝗个子大，身上的绿色很鲜艳，
是非常美丽的蚂蚱。
黄胫小车蝗比云斑车蝗更常见，
一般生活在河滩或山上。

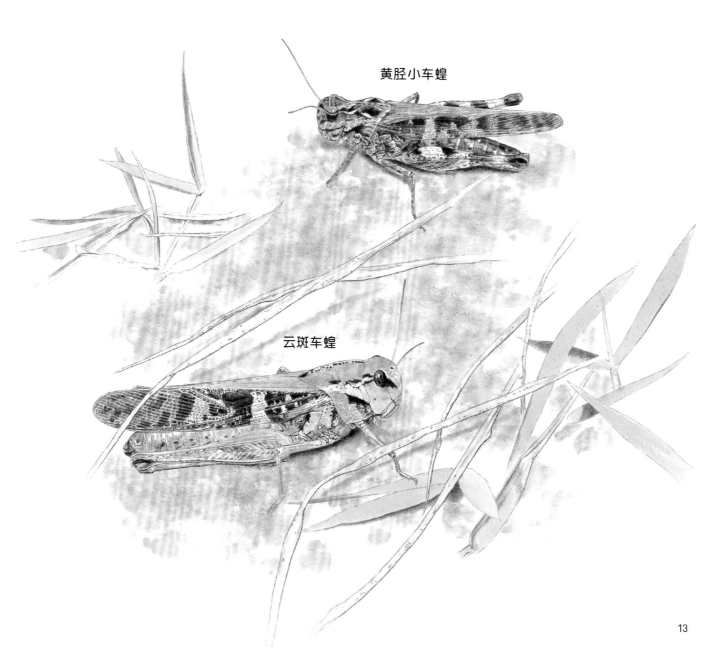

黄胫小车蝗

云斑车蝗

日本束胫蝗

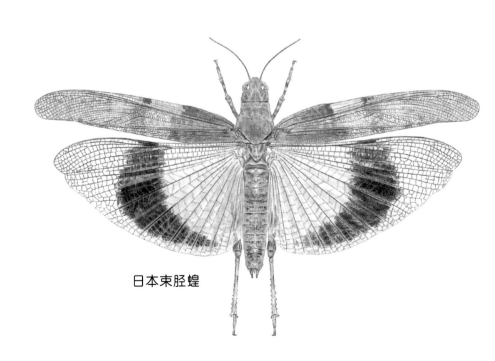

日本束胫蝗

喜欢石块和地面

有的蚂蚱喜欢到处是石块、
不怎么长草的河滩，
比如日本束胫蝗。
它飞起来时后翅呈淡蓝色，
非常漂亮。

疣蝗喜欢土壤裸露的地面，
或者碎石遍地的地方。

这两种蚂蚱的身体颜色和花纹
与周围环境十分相近，不易被发现。

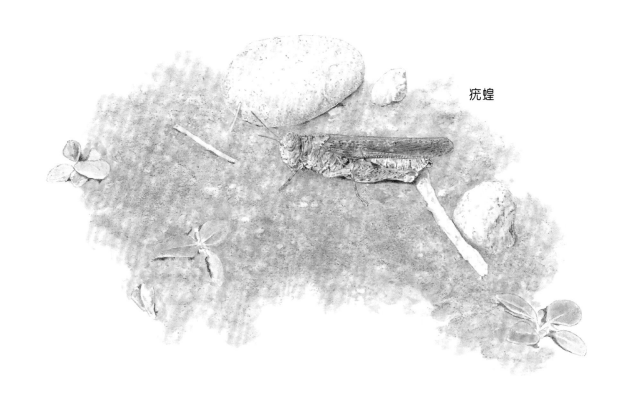

疣蝗

小翅稻蝗

亮灰蝶
一种秋季常见的蝴蝶。

茂盛的草丛中

细长的草叶上，
有一只小翅稻蝗。
它也是蚂蚱家族的一员。

二色戛蝗也很喜欢细长的草。
稍一靠近，
它们要么转身藏起来，
要么往后退着躲避，
好像很腼腆。

二色戛蝗

二色戛蝗

长额负蝗

房屋四周

长额负蝗是离我们最近的一种蚂蚱，
它们就生活在长草的院子里或空地上。
长额负蝗的雄虫经常趴在雌虫的背上——
雌虫背的可不是孩子哦。

秋意渐浓，天气逐渐变冷，
地面上、石块上常常可以看到
出来晒太阳的长额负蝗。

脸长这样。

各种各样的蚂蚱

它们身体的颜色、花纹和形状各有差异。

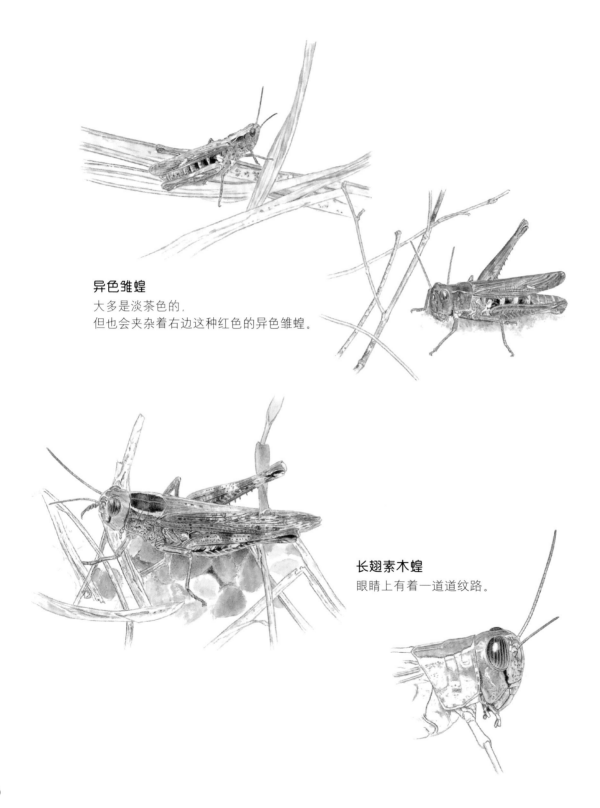

异色雏蝗
大多是淡茶色的，
但也会夹杂着右边这种红色的异色雏蝗。

长翅素木蝗
眼睛上有着一道道纹路。

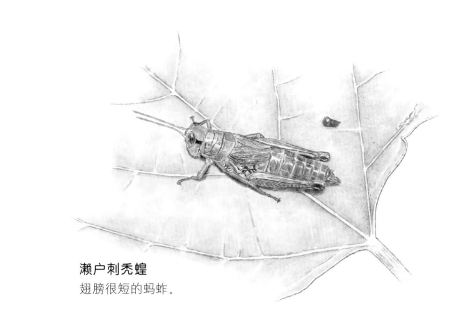

濑户刺秃蝗
翅膀很短的蚂蚱。

绿纹蝗
后腿上长着花斑。

还有这样的蚂蚱

还有很多种蚂蚱，
只要你仔细观察，
也许它就在你身边。

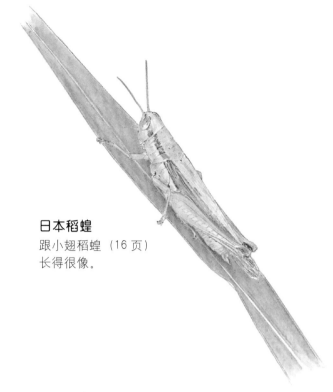

日本稻蝗
跟小翅稻蝗（16 页）
长得很像。

（成虫）

日本黄脊蝗
是以成虫的形态
越冬的蚂蚱。

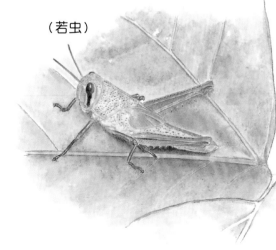

（若虫）

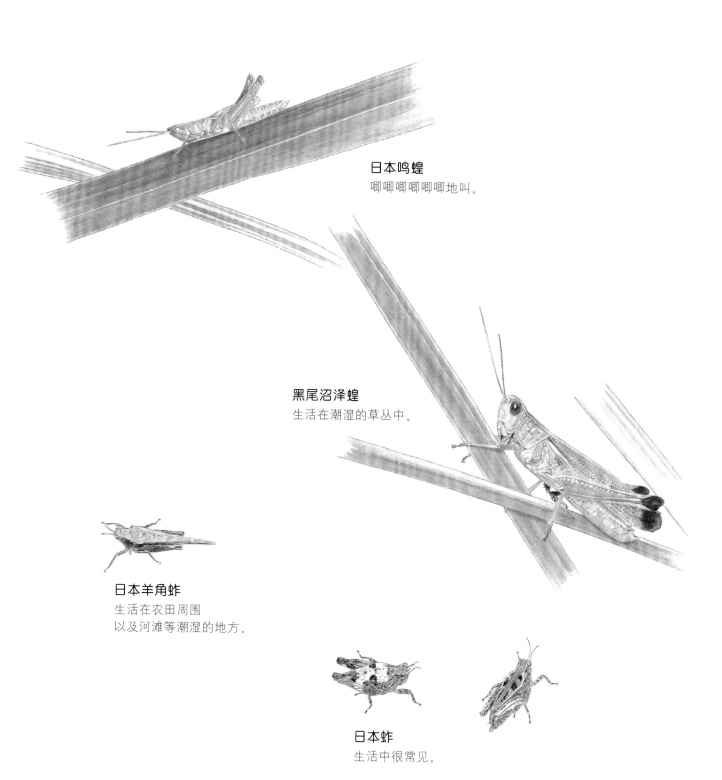

日本鸣蝗
唧唧唧唧唧唧地叫。

黑尾沼泽蝗
生活在潮湿的草丛中。

日本羊角蚱
生活在农田周围
以及河滩等潮湿的地方。

日本蚱
生活中很常见。

蚂蚱新闻

·蚂蚱通讯社·

蚂蚱出生在哪里呢？
让我们去看看它们是怎么成长的。

蚂蚱正在产卵

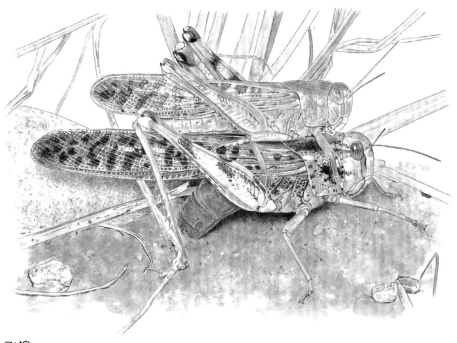

飞蝗
雄虫趴在产卵的雌虫背上。

雌蚂蚱的尾尖一张一合地掘土，
把卵产在土下。

黄胫小车蝗
雌虫也有独自产卵的时候。

尾尖
尾尖张开的样子。

土壤里的蚂蚱卵。

几乎所有蚂蚱在夏秋季产下的卵，
都会一直待在土壤里，直到冬天过去。

它们是怎么成长的呢？

黄胫小车蝗的若虫

到了五月，天气开始转暖，
若虫从越冬的虫卵里孵化出来，
钻出地面。

小翅稻蝗的若虫

异色雏蝗的若虫

中华剑角蝗的若虫

长额负蝗的若虫

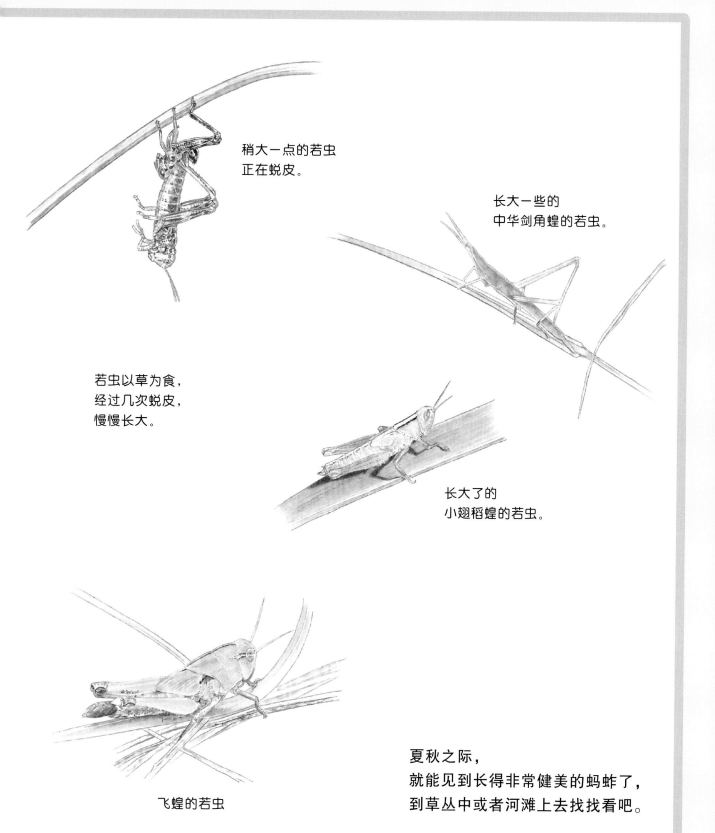

稍大一点的若虫
正在蜕皮。

长大一些的
中华剑角蝗的若虫。

若虫以草为食，
经过几次蜕皮，
慢慢长大。

长大了的
小翅稻蝗的若虫。

飞蝗的若虫

夏秋之际，
就能见到长得非常健美的蚂蚱了，
到草丛中或者河滩上去找找看吧。

蚂蚱是什么昆虫？

蚂蚱是我们都很熟悉的会跳的昆虫。肌肉发达的后腿，能够帮它们从地面高高跳起。去捉一只蚂蚱来看看，你会发现它拼命挣扎的力量很大，稍不小心就嗒的一跳，溜掉了。

在昆虫分类中，蚂蚱与螽斯、蟋蟀属于同一大类。这些昆虫的若虫和成虫都有着同样的体态，没有蛹期。其中，触角短是蚂蚱的显著特征，这和蚂蚱同属一类、触角长于身体的螽斯形成鲜明对比。另外，蟋蟀和螽斯家族多半是夜行性昆虫，而蚂蚱则在白天活动。

若虫与食物

虽说蚂蚱的若虫和成虫有着同样的体态，但是它们刚从虫卵中孵化出来时被称为前期若虫，有着一副圆柱形的身材。孵化后不久，前期若虫开始蜕皮，脚一蹬就出落成一只若虫了。但是，小小的身子大大的头，怎么看都像只娃娃虫——有的若虫蜕掉的皮甚至还挂在屁股上。若虫刚孵化时，地面上到处散落着蜕掉的白皮，即便看不见若虫，也知道它们是从哪孵化出来的。

蚂蚱的成虫和若虫都靠吃草度日。很多蚂蚱都非常喜欢禾本科植物，但是长额负蝗喜欢吃菊科植物，日本黄脊蝗（22页）喜欢吃葛的叶子。作为日本秋季七草之一，葛大家都很熟悉的。葛生长在茂盛的河边草地，那儿是发现蚂蚱的好场所。

蚂蚱二三事

秋季到河滩草丛中走一走，啪嗒啪嗒会突然跳出很多蚂蚱来，吓人一跳。飞蝗和中华剑角蝗就是其中的代表，它们喜欢在矮草地或者茂密的草丛中晒太阳。雄虫比较敏感，几乎还没等你发现，就一下逃得没了踪影。天气不好或气温较低的时候，它们就躲在茂密的草丛里不出来。

到了天气转凉的九月，草丛里就能看见云斑车蝗了。它们是一种很漂亮的蚂蚱，身上花纹清晰，透着深绿色。它们一边慢慢变换着位置，一边啃着身边的草叶。四周全是喜欢的食物，天气又好，这种时候，它们的心情也一定很愉快。虽然它们生活在低矮的草丛中，但活动地点却是固定的。

黄胫小车蝗跟云斑车蝗很相似。但从侧面看，黄胫小车蝗的胸部是平整的，而云斑车蝗的胸部是隆起的，从这一点就可以把它们区分开来。蚂蚱种类相同但是颜色不同的情况是常有的，黄胫小车蝗的花斑多为黑色，但也有绿色的；云斑车蝗也有全身褐色不带绿色的。

走近蚂蚱

在众多的蚂蚱中，小朋友最熟悉的要算长额负蝗了。即便在城市里，只要去长草的空地或院子里就能看见它，随意走过去它也不怎么逃跑，我小时候捉到过很多。

中华剑角蝗的雌虫也属于好捉的蚂蚱。也许因为身体又大又重，它跳不太远。

其余的很多蚂蚱，除了早晚气温低的时候，只要人一走近，就立刻逃之夭夭。从蚂蚱的左右两侧慢慢地径直接近，就能很容易地靠近它，不信你试试看。

（安永一正）

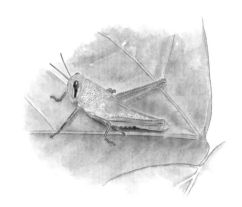

Batta

Copyright © 2011 by Kazumasa Yasunaga

First published in Japan in 2011 by FROEBEL-KAN COMPANY, LIMITED.

Simplified Chinese Translation copyright © 2022 by Beijing Dandelion Children's Book House Co., Ltd.

Through Future View Technology Ltd.

All rights reserved.

版权合同登记号 图字：22-2021-034

图书在版编目（CIP）数据

昆虫观察第一课．蚂蚱 ／（日）安永一正文图 ；黄
帆译． —— 贵阳 ：贵州人民出版社，2022.5
ISBN 978-7-221-16697-5

Ⅰ．①昆… Ⅱ．①安… ②黄… Ⅲ．①昆虫—儿童读
物②蝗科—儿童读物 Ⅳ．①Q96-49②Q969.26-49

中国版本图书馆CIP数据核字(2021)第175885号

昆虫观察第一课·蚂蚱
KUNCHONG GUANCHA DI-YI KE MAZHA

策划 / 蒲公英童书馆　责任编辑 / 颜小鹏　执行编辑 / 李兰兰　装帧设计 / 王艳霞　责任印制 / 郑海鸥
出版发行 / 贵州出版集团　贵州人民出版社　地址 / 贵阳市观山湖区会展东路SOHO办公区A座　电话 / 010-85805785（编辑部）
印刷 / 北京华联印刷有限公司（010-87110703）
版次 / 2022年5月第1版　印次 / 2022年5月第1次印刷　开本 / 860mm×1092mm 1/16　印张 / 2.25　字数 / 28千字
定价 / 228.00元（全10册）
官方微博 / weibo.com/poogoyo　微信公众号 / pugongyingkids　蒲公英检索号 / 210401000

如发现图书印装质量问题，请与印刷厂联系调换 / 版权所有，翻版必究 / 未经许可，不得转载

昆虫观察
第一课 锹甲

[日] 安永一正　文图　黄 帆 译

昆虫观察
第一课 锹甲

［日］安永一正 文图 黄 帆 译

G 贵州出版集团 贵州人民出版社

是锹甲！

夏天到了，
在树液香甜气味的诱惑下，
锹甲飞来了。

这是锯锹甲，
正要吸食树液。
还来了一些其他昆虫。

锯锹甲（雄）

长脚蝇

日拟阔花金龟

在有树液渗出的树上，
总有这种蝴蝶飞来飞去。
它们附近就有锹甲。

黛眼蝶

锯锹甲（雌）

锯锹甲（雄）

锹甲有时也会爬到细树枝上。
寻找它们的时候，
要四处留心，慢慢看。

高砂深山锹甲（雄）

锹甲种类很多。
高砂深山锹甲的雄虫，
后脑勺突出，
身体很粗糙，
一生气就会把身子卷起来。

六脚朝天的样子

锯锹甲（雌）

高砂深山锹甲（雄）

这是
高砂深山锹甲
的标志。

高砂深山锹甲（雌）

有很多洞和缝隙，并时常有树液渗出的树，
常常会招来很多锹甲。
有时整棵树就像一座公寓，
每个洞里都有锹甲。

从侧面看

日本小锹甲（雄）

锹甲的身体比较平，
很擅长钻树缝。

锯锹甲（雄）

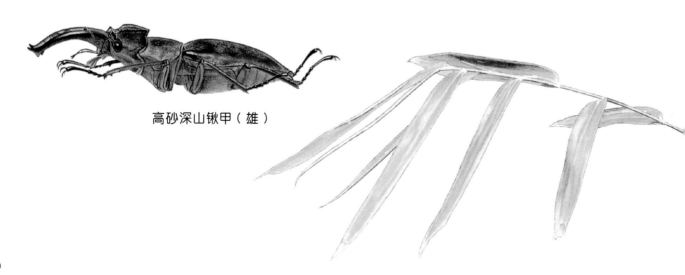

高砂深山锹甲（雄）

雌

（其余全是雄）

我们都是日本小锹甲

日本小锹甲，
是日本最常见的锹甲。
虽然它们大小不一，
但都是日本小锹甲。

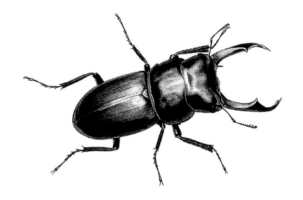

日本小锹甲

└──── 双齿刀锹甲 ────┘

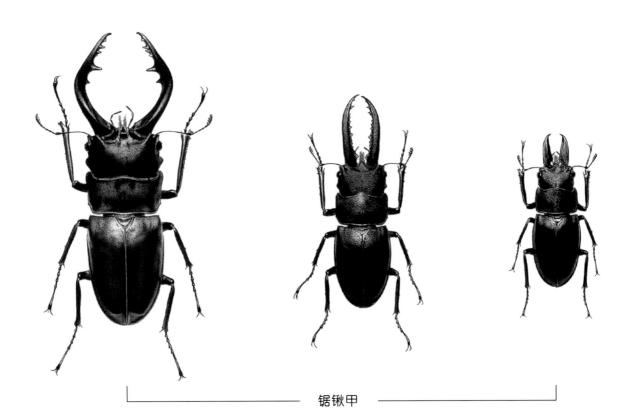

└──────── 锯锹甲 ────────┘

即使种类相同，
雄锹甲也会因为身体的大小不同
而长出不同形状的大颚。
越大的雄虫，
大颚就长得越健壮。

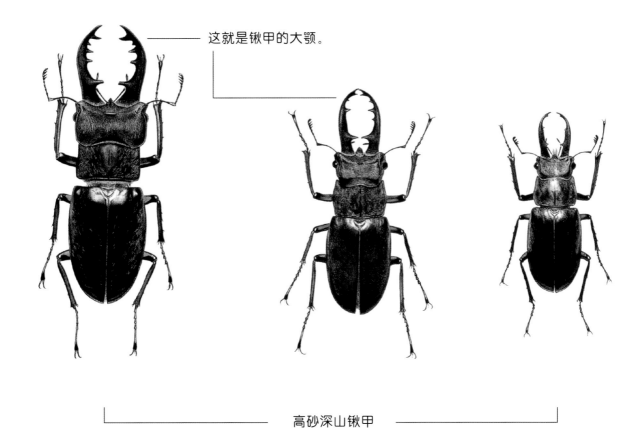

这就是锹甲的大颚。

高砂深山锹甲

饲养锹甲

中间放入木头。
（雌虫要是喜欢的话，就会产卵）

昆虫垫

干了要洒水。

要把盖子盖严，放置在阴凉处。

容器越大，锹甲越安心。
如果它不喜欢容器中的环境，
就会到处钻，想逃跑。

各种饲料

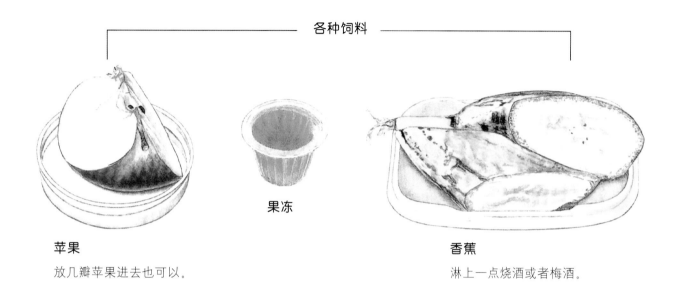

果冻

苹果

放几瓣苹果进去也可以。

香蕉

淋上一点烧酒或者梅酒。

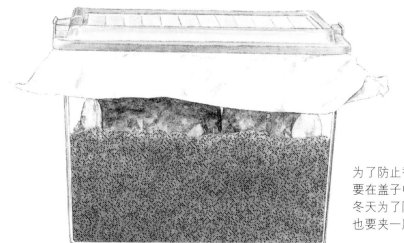

为了防止香蕉招虫，
要在盖子中间夹一层纸。
冬天为了防止箱内干燥，
也要夹一层纸。

饲养日本小锹甲

日本小锹甲
是日本最容易找到的锹甲，
有的很长寿，能度过几个冬季。
而高砂深山锹甲、锯锹甲，
通常夏季一过就死了。

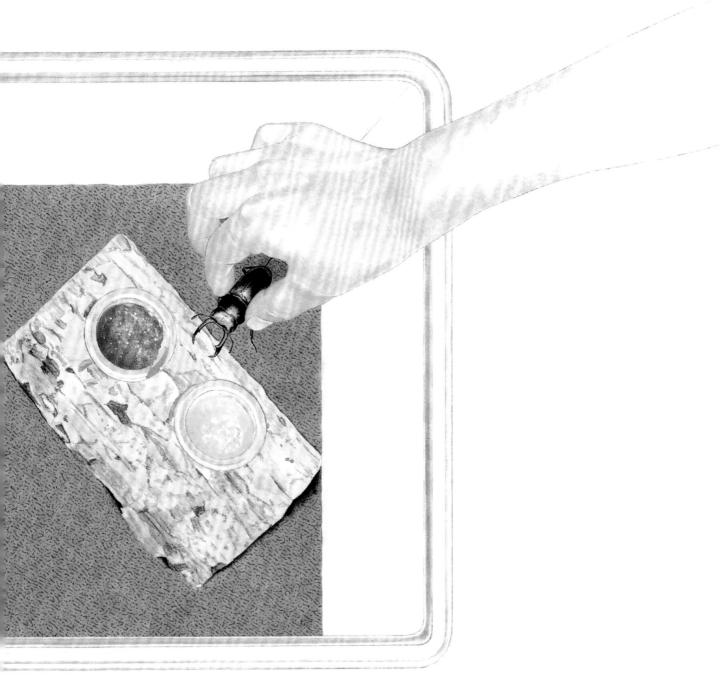

陈腐的树桩

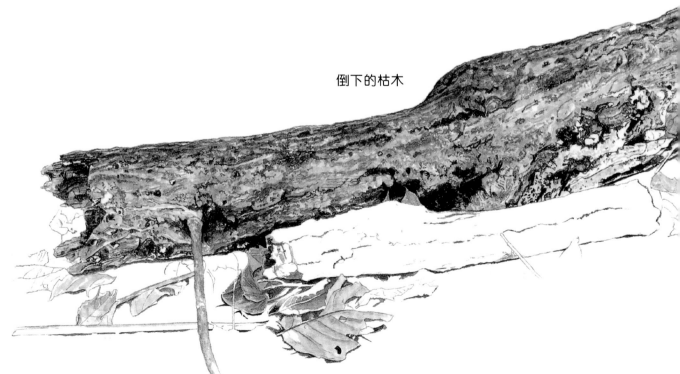

倒下的枯木

锹甲就生长在这种地方。
雌虫在陈腐得有些松软的
枯树中产卵。

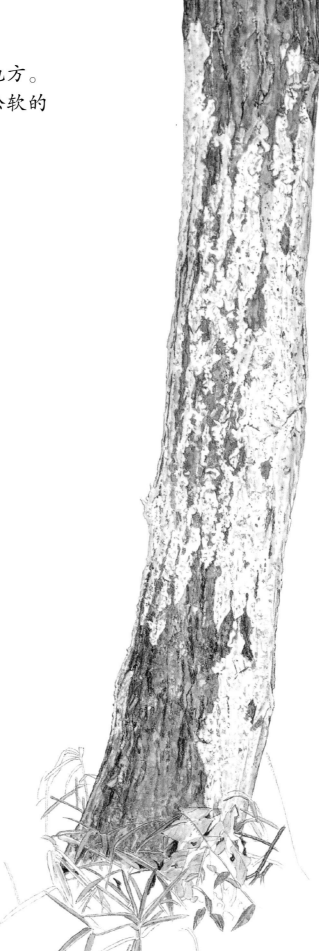

开始腐朽的枯树

有的锹甲在产过卵的地方会
留下这样的痕迹。

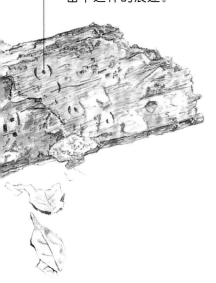

锹甲的幼虫

诞生在树墩或朽木中的锹甲幼虫，
一边啃朽木，一边修筑隧道。

虫卵

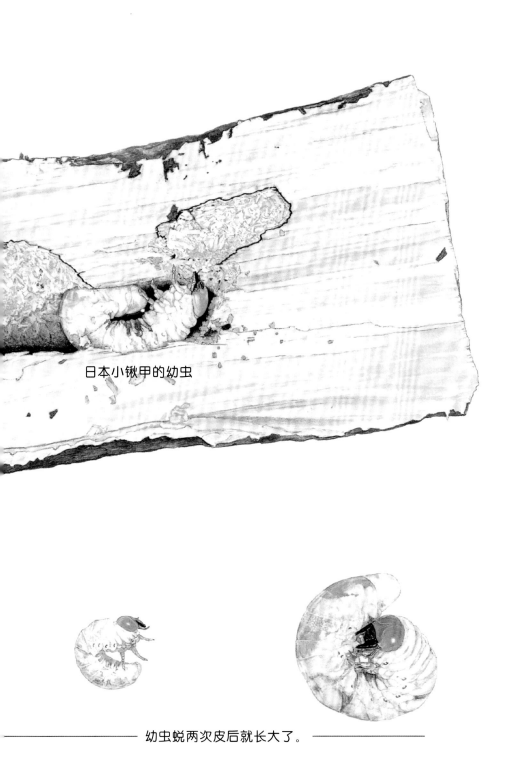

日本小锹甲的幼虫

幼虫蜕两次皮后就长大了。

吃掉很多朽木的幼虫，
挖出了一个椭圆形房间。
一直待在里面的幼虫，
蜕去皮就变成了蛹。

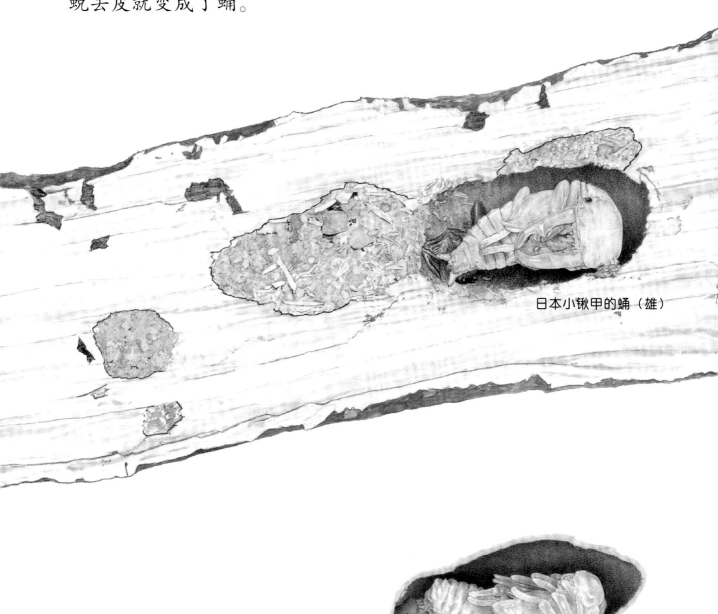

日本小锹甲的蛹（雄）

锯锹甲的蛹（雌）

一旦变成蛹，
就可以清楚地分辨出雌雄了。

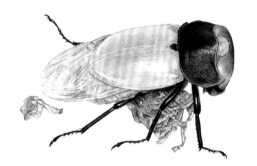

最后蜕掉蛹皮，
就变成了成虫。

正在伸展飞行用的后翅。

各种各样的锹甲

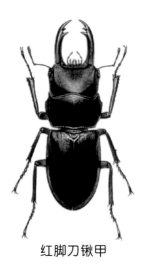

红脚刀锹甲

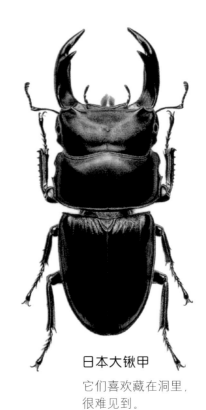

日本大锹甲

它们喜欢藏在洞里，很难见到。

凯锹甲

斑纹锹甲

日本最小的锹甲。

住在较高的山上。——

琉璃锹甲

眼锹甲

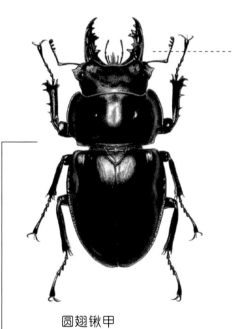

圆翅锹甲

住在日本南方岛屿上。

从侧面看

温暖的地方经常见到。

大颚上
长着朝上的牙。

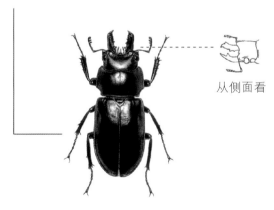

从侧面看

鬼锹甲

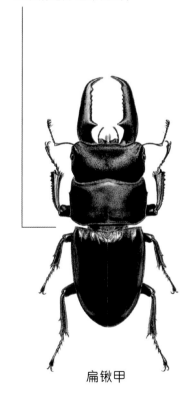

扁锹甲

什么是锹甲？

锹甲、金龟子、天牛都是鞘翅目昆虫，据说全世界有1 200种锹甲。一提到锹甲，人们立刻想到的就是那副"大钳子"。其实那是大颚，是嘴的一部分。很多锹甲的钳子因为雌雄不同而大小不一。雄虫体型更大，大颚更发达，雌虫体型更小，大颚也短小得多。有的锹甲无法从钳子的外观区分雌雄。之所以被称为锹甲，是因为它们的钳子很像古代头盔上的锹形部件。

锹甲是完全变态的昆虫，幼虫要经过蛹变成成虫。个头大的幼虫会变成大个成虫，但是成虫之后不会再成长，因此大小不会再变化。幼虫和蛹生活在朽木或泥土里，我们很少有机会见到。劈开陈腐的阔叶树树墩，就不难找到锹甲的幼虫。幼虫靠吃朽木和土中的植物成长。锹甲的成虫常见于渗出树液的枹栎树和麻栎树上，它们作为杂木林夏季常见的昆虫为人们所熟悉。但是也有几种锹甲不会去寻找树液，还有几种锹甲因为吃柳树皮、吸柳树汁而闻名。

寻找锹甲

一般在夏季晚上八点左右，去渗出树液的树木周围转转，就能找到很多锹甲。不过，锯锹甲和日本小锹甲在白天也经常能看到。不喜欢光线、只在夜间活动的大锹甲偶尔也会在白天活动，但每天出现的时间不是那么固定。

有时能看到高砂深山锹甲在白天活动，不过，夜间去生长着阔叶林的山里，在有灯光的地方就能轻松找到它们，找对地方的话能一下子捡到很多。琉璃锹甲（26页）和它的伙伴们只在白天活动。被天牛和木蠹蛾啃得乱七八糟的枹栎树和麻栎树的树干上到处是洞，在洞和裂缝处，只要有树液渗出，几乎就可以肯定里面有锹甲。大多数的小锹甲就像11页描绘的样子，待在较暗的地方，用手电挨个往洞里照，就能知道它们在哪儿。如果它们钻得太深，不好捉，可以用镊子把它们夹出来。

以前，我在一棵大麻栎树前，用手电往粗枝上的洞里照了照，就见一只锹甲就从中探出头来了，是大锹甲。它一直盯着我看，过了一会儿又缩了进去。从它身上我仿佛感觉到了其他昆虫所不具有的"人格"。

锹甲的幼虫

锹甲的幼虫吃食物时的样子与蝴蝶和蛾的幼虫不同，不像它们那样只是忙着机械地蠕动嘴巴。锹甲的幼虫会慢慢把朽木的碎片送进嘴里。一直盯着它看，会觉得它像牛一样咀嚼。我还看见过它吃自己排出的粪便（其实大部分是没有消化的木屑）。

借助微生物的力量分解食物并消化吸收，这一点也让人联想起牛（反刍动物）。锹甲幼虫有一个被称为"发酵室"的消化器官，人们在其中发现了细菌。根据我饲养锹甲的经验，特别活泼的幼虫周围的木屑容易变得湿黑，类似堆肥发酵的状况，潮湿但不长霉、没有气味。似乎它们通过培养自己体内的微生物，制造了一个既方便居住又舒适的好环境。我不得不钦佩它们的才能。

（安永一正）

28

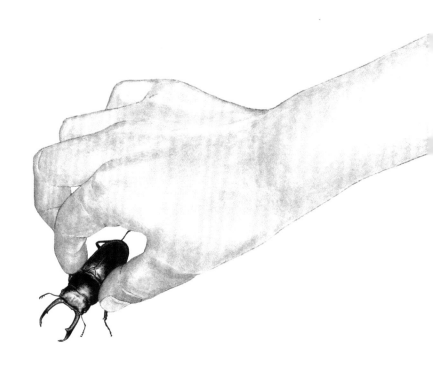

Kuwagatamushi
Copyright © 2007 by Kazumasa Yasunaga
First published in Japan in 2007 by FROEBEL-KAN COMPANY, LIMITED.
Simplified Chinese Translation copyright © 2022 by Beijing Dandelion Children's Book House Co., Ltd.
Through Future View Technology Ltd.
All rights reserved.

版权合同登记号 图字: 22-2021-034

图书在版编目（CIP）数据

昆虫观察第一课. 锹甲 / （日）安永一正文图 ； 黄
帆译. -- 贵阳：贵州人民出版社，2022.5
ISBN 978-7-221-16697-5

Ⅰ. ①昆… Ⅱ. ①安… ②黄… Ⅲ. ①昆虫—儿童读
物②锹甲科—儿童读物 Ⅳ. ①Q96-49②Q969.48-49

中国版本图书馆CIP数据核字(2021)第175880号

昆虫观察第一课·锹甲
KUNCHONG GUANCHA DI-YI KE QIAOJIA

策划 / 蒲公英童书馆　责任编辑 / 颜小鹂　执行编辑 / 李兰兰　装帧设计 / 王艳霞　责任印制 / 郑海鸥
出版发行 / 贵州出版集团　贵州人民出版社　地址 / 贵阳市观山湖区会展东路SOHO办公区A座　电话 / 010-85805785（编辑部）
印刷 / 北京华联印刷有限公司（010-87110703）
版次 / 2022年5月第1版　印次 / 2022年5月第1次印刷　开本 / 860mm×1092mm 1/16　印张 / 2.25　字数 / 28千字
定价 / 228.00元（全10册）
官方微博 / weibo.com/poogoyo　微信公众号 / pugongyingkids　蒲公英检索号 / 210401000

如发现图书印装质量问题，请与印刷厂联系调换 / 版权所有，翻版必究 / 未经许可，不得转载

昆虫观察
第一课 蜻蜓

[日] 安永一正 文图 黄帆 译

昆虫观察
第一课 蜻蜓

[日] 安永一正 文图 黄 帆 译

贵州出版集团 贵州人民出版社

这里是浅水塘

里面有各种各样的生物。

※ 一定要和大人一起去
水池或泥塘哦！

蜻蜓飞来啦！

是一只大蜻蜓，
叫碧伟蜓。

碧伟蜓的身体

让我们仔细观察一下。

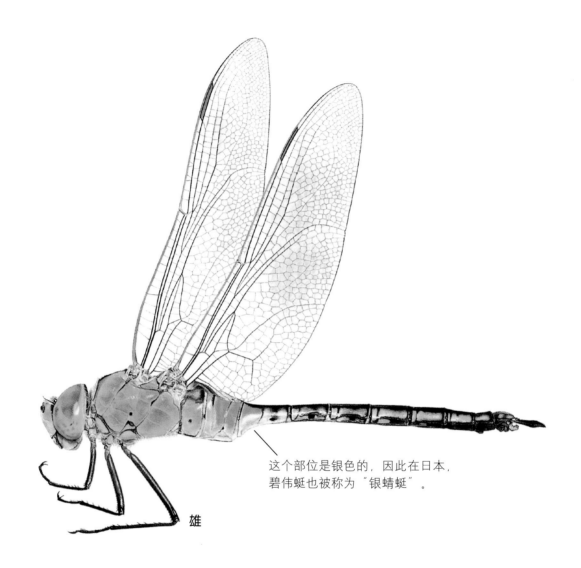

这个部位是银色的，因此在日本，
碧伟蜓也被称为〝银蜻蜓〞。

雄

有的雌碧伟蜓和雄碧伟蜓一样，身上有蓝色部分。
碧伟蜓活得越久，翅膀颜色就会越深。

雌

※ 碧伟蜓有两对翅膀，6条腿。　　　　　　※ 这两张图都是实物的1.8倍。

碧伟蜓的飞行方式

雄碧伟蜓一旦相互靠近，
就会互相驱赶。
谁先发现另一方，
谁便先驱赶，
一直将对方赶到高空。

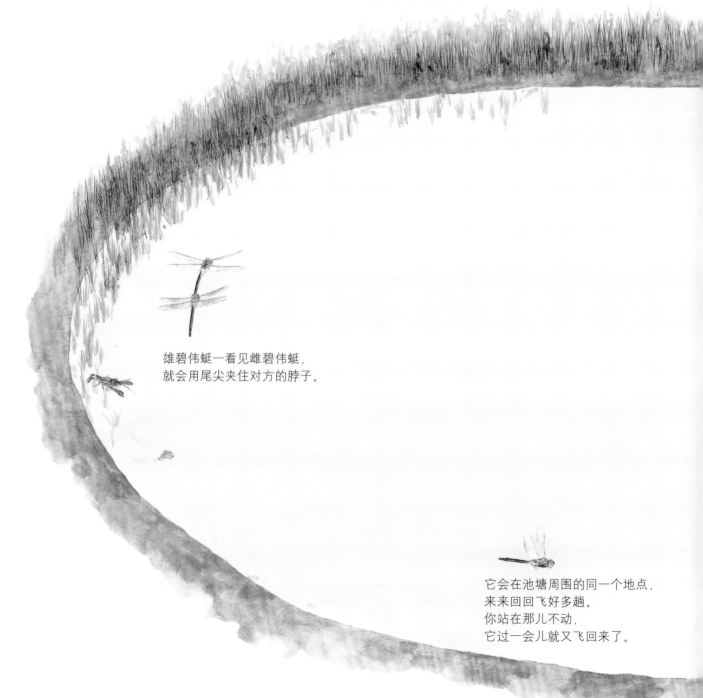

雄碧伟蜓一看见雌碧伟蜓，
就会用尾尖夹住对方的脖子。

它会在池塘周围的同一个地点，
来来回回飞好多趟。
你站在那儿不动，
它过一会儿就又飞回来了。

它从休息的地方飞来池塘，
在池塘四周盘旋。

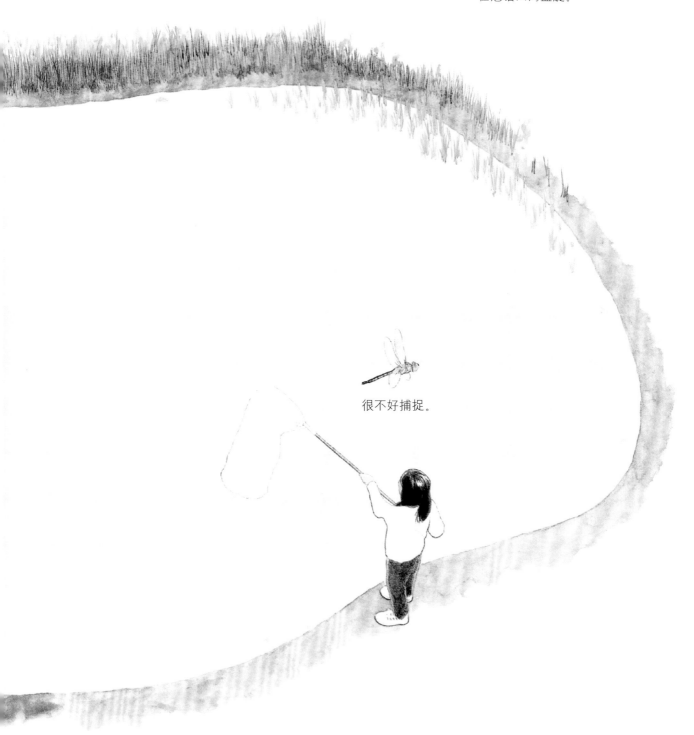

很不好捕捉。

碧伟蜓的脸

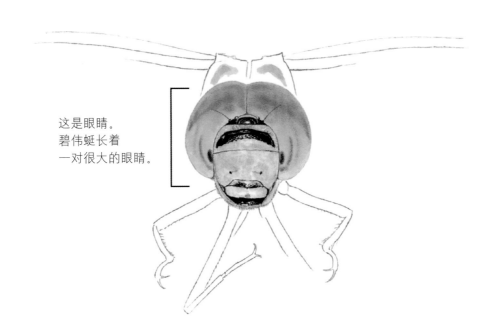

这是眼睛。
碧伟蜓长着
一对很大的眼睛。

碧伟蜓的美食

碧伟蜓能一边飞，
一边活捉昆虫并吃掉它。

蜻蜓睡觉的时候

碧伟蜓抓着树枝睡觉，
像吊在树枝上一样。

白尾灰蜻

白尾灰蜻不是悬吊着，
而是斜站着睡觉。

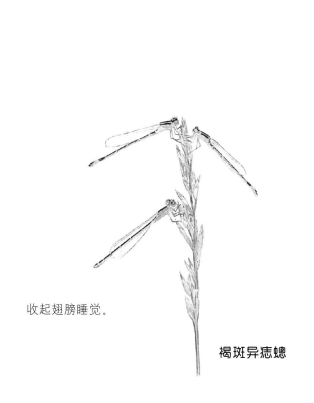

收起翅膀睡觉。

褐斑异痣蟌

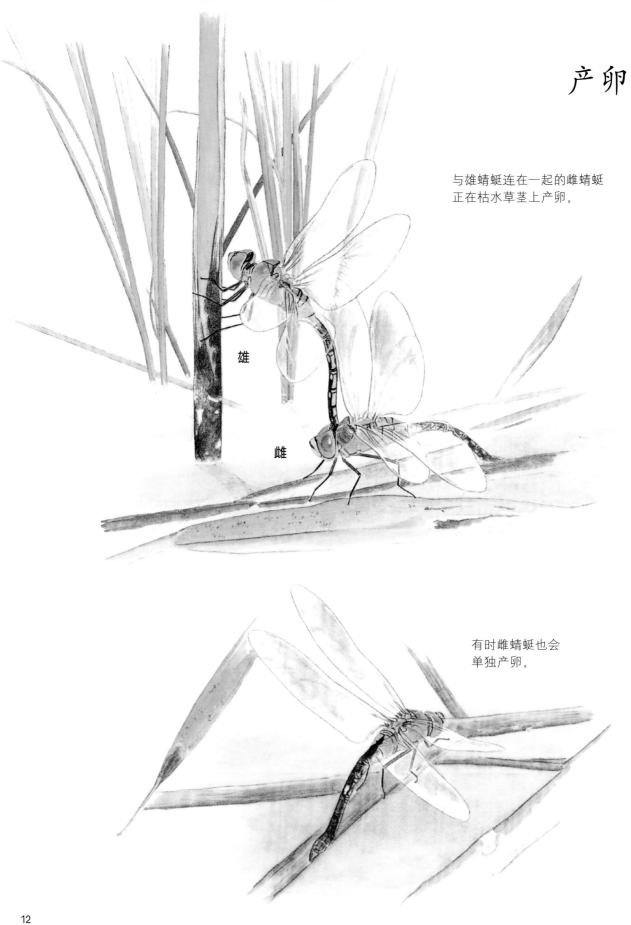

产卵

与雄蜻蜓连在一起的雌蜻蜓
正在枯水草茎上产卵。

雄

雌

有时雌蜻蜓也会
单独产卵。

卵

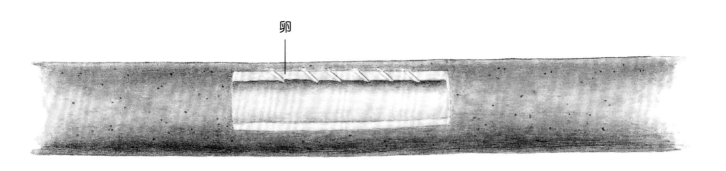

刚从卵里孵出来的水虿（幼虫）

水虿的成长

一次次地蜕皮后就长大了。

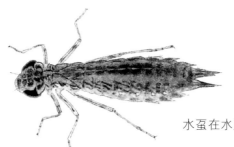

水虿在水里吃水中生物。

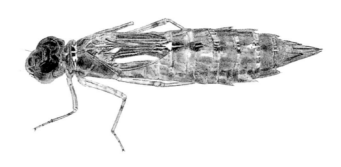

长大后的水虿，
时常会从水里探出身子，
期待着变成蜻蜓的那一天。

13

①

长大的水虿，
会爬到水面的草或树枝上，
抓住树枝休息片刻后，
就开始蜕变。

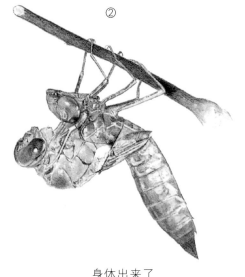

②

身体出来了。

从水虿到蜻蜓

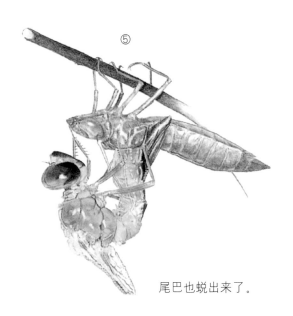

⑤

尾巴也蜕出来了。

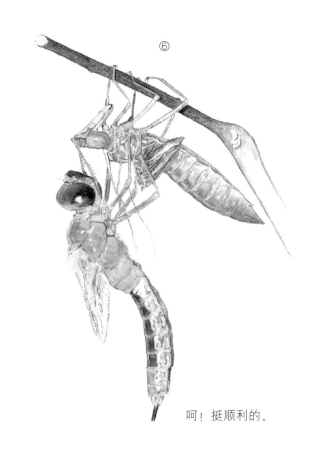

⑥

呵！挺顺利的。

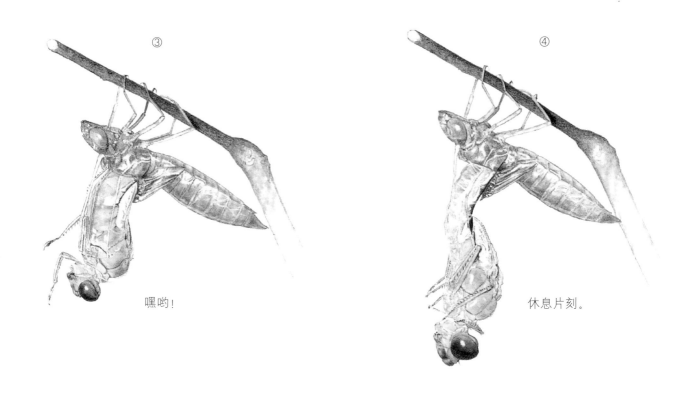

③

嘿哟！

④

休息片刻。

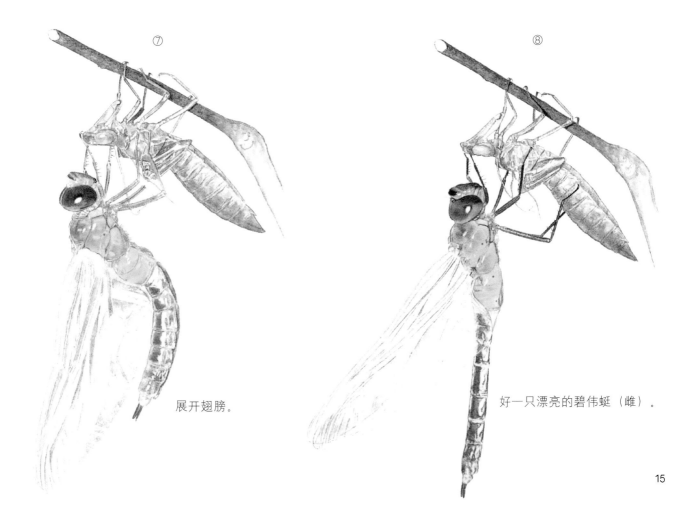

⑦

展开翅膀。

⑧

好一只漂亮的碧伟蜓（雌）。

蜻蜓飞来啦！

傍晚，天色一暗，
碧伟蜓就和其他蜻蜓一起，
在池塘的上空高高地盘旋。

捕捉蜻蜓的方法

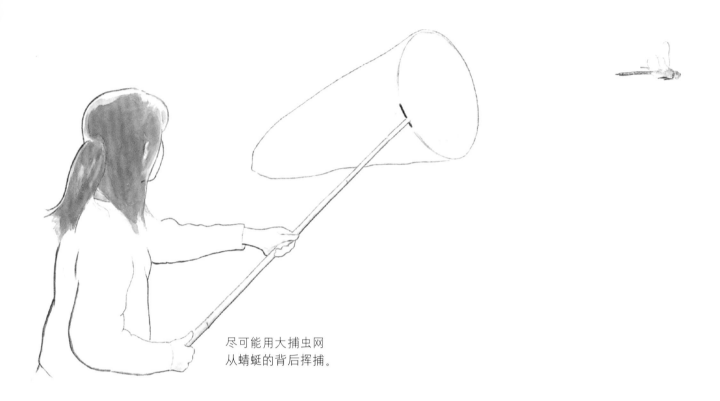

尽可能用大捕虫网
从蜻蜓的背后挥捕。

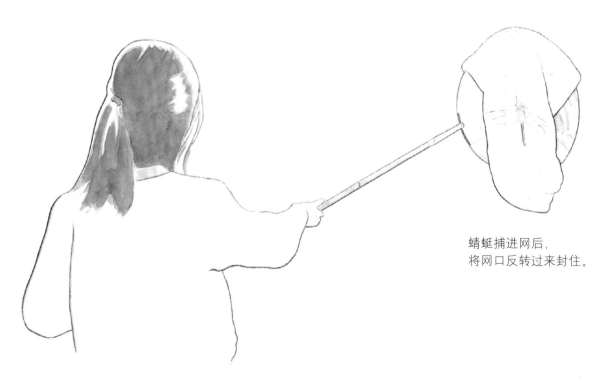

蜻蜓捕进网后，
将网口反转过来封住。

捕捉水蚤的方法

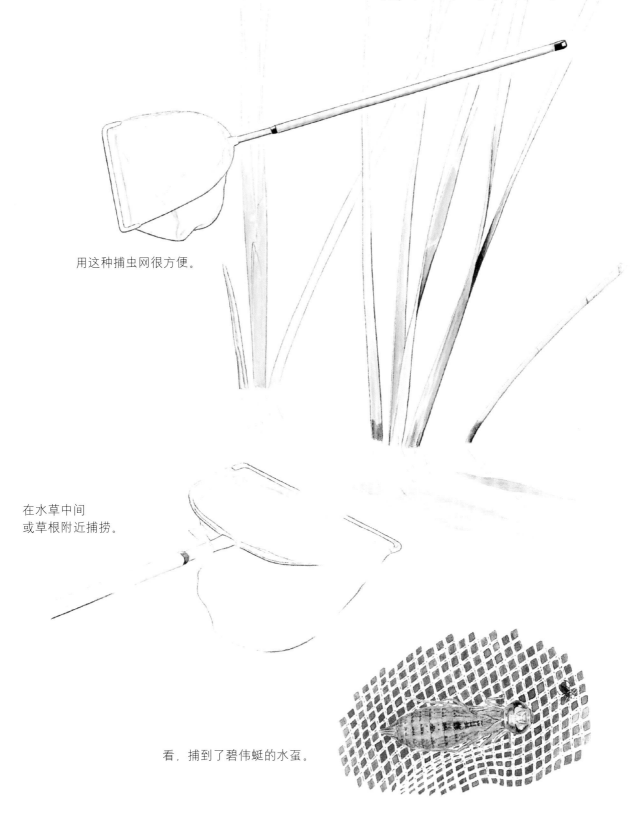

用这种捕虫网很方便。

在水草中间
或草根附近捕捞。

看，捕到了碧伟蜓的水蚤。

水蚤的饲养方法

刚孵化的水蚤可以用这种容器饲养。

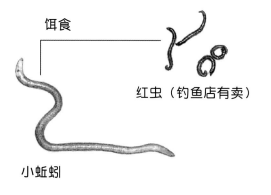

饵食

红虫（钓鱼店有卖）

小蚯蚓

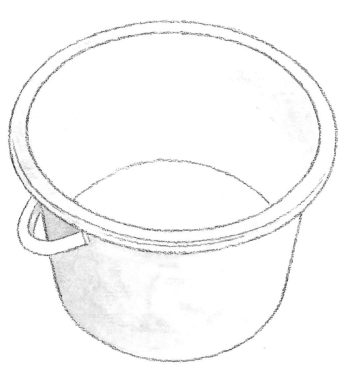

提前一天打好自来水，
等换水时用。

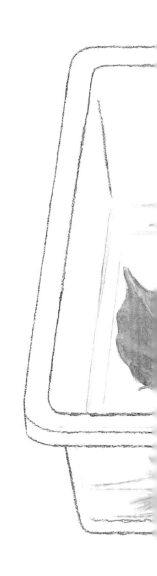

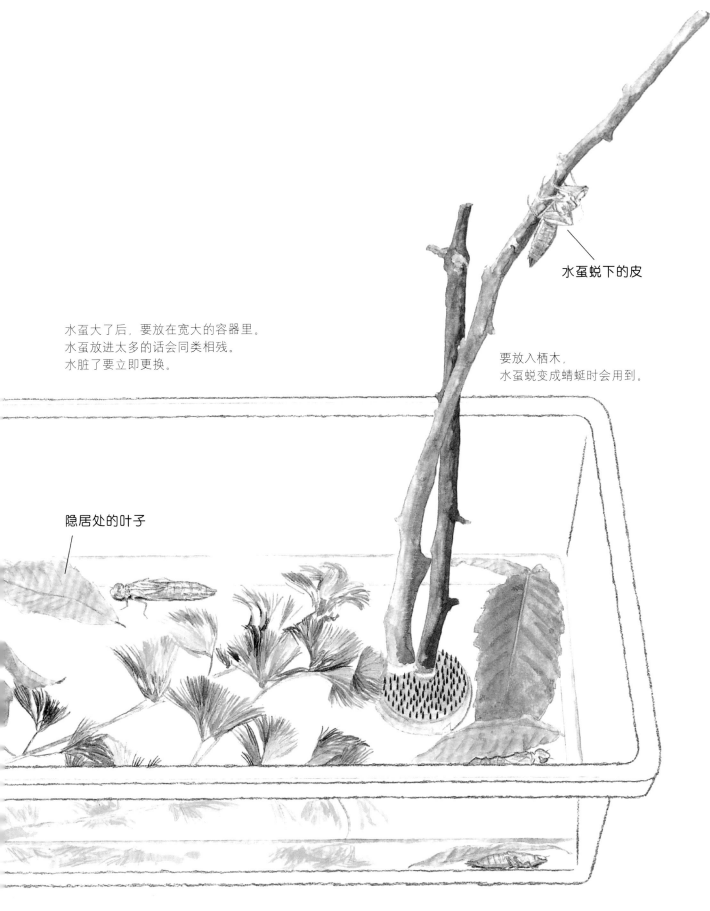

水虿蜕下的皮

水虿大了后，要放在宽大的容器里。
水虿放进太多的话会同类相残。
水脏了要立即更换。

要放入栖木，
水虿蜕变成蜻蜓时会用到。

隐居处的叶子

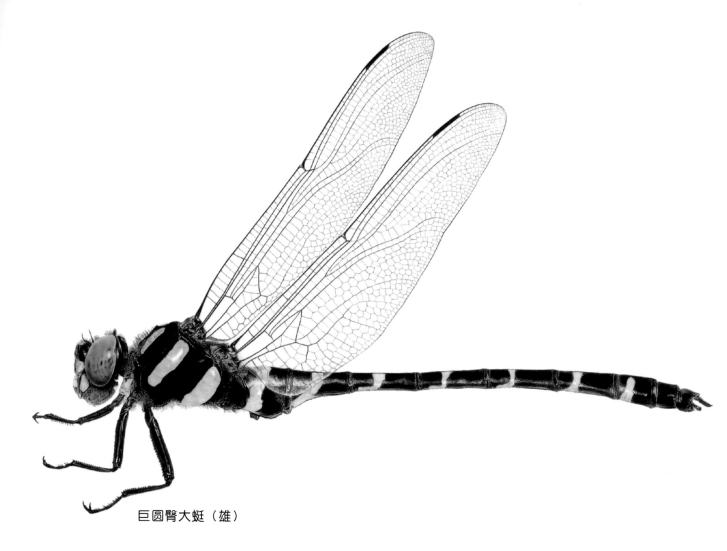

巨圆臀大蜓（雄）

雌巨圆臀大蜓的腹尖

大蜻蜓

巨圆臀大蜓是日本最大的蜻蜓，
在中国也算是比较大的，
常在山路上来回地飞。

小蜻蜓

碧伟蜓、巨圆臀大蜓都是大蜻蜓；
而蟌很小，属于身体细小的蜻蜓。
小蜻蜓的种类也有很多。

东亚异痣蟌（雄）

白尾灰蜻（雄）

※ 本页和后页的蜻蜓都是实物的1.8倍。

23

各种各样的大蜻蜓

除碧伟蜓外，
还有很多种大蜻蜓。
它们都既大又美。

请大家多多关照我的伙伴哦！

黑纹伟蜓（雄）
喜欢有树荫的小水池。

飒蜓（雄）
五月前后，在树林、
泥塘边等潮湿的地方飞行。

长痣绿蜓（雄）喜欢待在芦苇和茭白丛生的老泥塘。

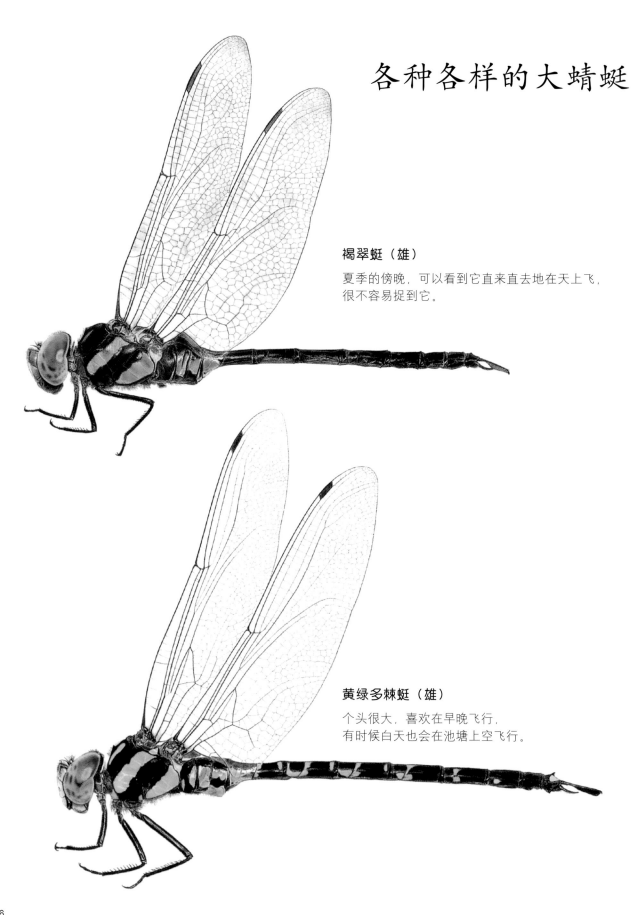

各种各样的大蜻蜓

褐翠蜓（雄）

夏季的傍晚，可以看到它直来直去地在天上飞，很不容易捉到它。

黄绿多棘蜓（雄）

个头很大，喜欢在早晚飞行，有时候白天也会在池塘上空飞行。

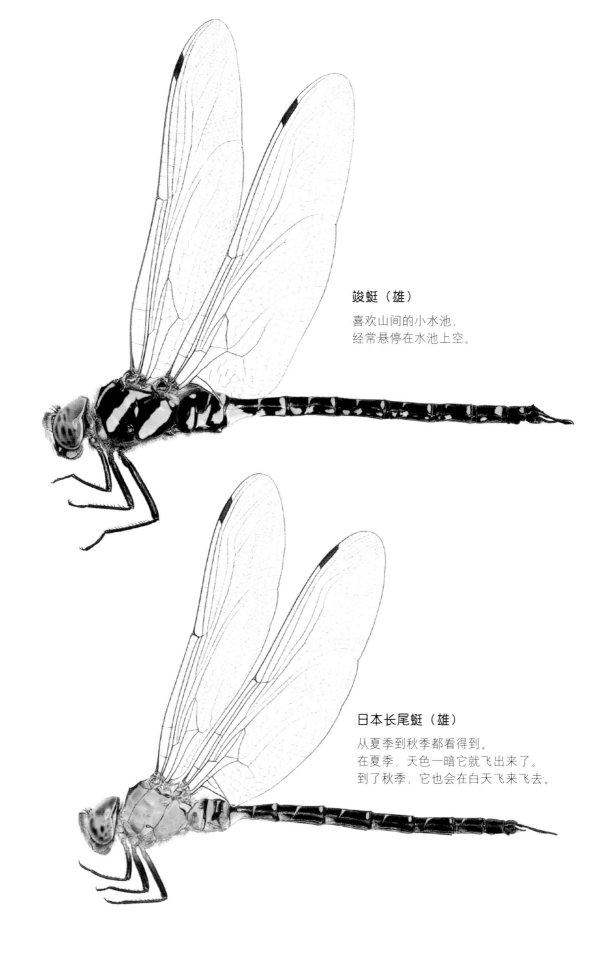

竣蜓（雄）

喜欢山间的小水池，
经常悬停在水池上空。

日本长尾蜓（雄）

从夏季到秋季都看得到。
在夏季，天色一暗它就飞出来了。
到了秋季，它也会在白天飞来飞去。

碧伟蜓是什么蜻蜓？

在日本，生活着180多种蜻蜓，其中体型很大，被归类到蜓科的有21种（但巨圆臀大蜓不属于蜓科）。

碧伟蜓就是晏蜓科家族中的一员，广泛分布在日本、中国和朝鲜半岛。虽然碧伟蜓一直为人们所熟知，被誉为水边的一道风景，但最近常听人们说它们越来越少见了。

的确，和过去相比，碧伟蜓的数量也许有所减少。但在市区，只要有四周生长着水生植物的水塘，我们就能看见它们。只要水塘四周没有被水泥覆盖，泥地能从岸边延伸到湖心，且芦苇和茭白茂盛生长，我们就一定能在这样的地方看到碧伟蜓，甚至还能看到许多其他蜻蜓和水边生物。

另外，碧伟蜓也会出现在河边或水渠旁，而有些其他种类的蜻蜓只生活在有流水的河上。碧伟蜓的主要生育场所是池塘、泥塘、水流缓慢的河边及其周边的水塘，在这些地方，你还能见到它的成虫。

碧伟蜓的成虫，早的话，在四月就看得到，最晚则出现在十月下旬左右。在日本八重山群岛等地，它活跃的时间会更久一些。为本书收集资料时，我考察过东京都的情况，九月中旬时，那里碧伟蜓的数量还有所增加。

碧伟蜓的生活习性

碧伟蜓从卵到稚虫时期，都是在水中度过的。孵化出来的水虿带有黑白斑纹，与黄脸油葫芦的若虫以及家中的蟑螂——黑胸大蠊的幼虫很相似。经过几次蜕皮，黑白斑纹就消失了。水虿小时候吃水虿，长大了就吃蝌蚪和小鱼，还吃其他水虿在内的各种水生昆虫。

水虿用肠（肠中有鳃）吸人水中的氧，以此来呼吸，但长大后会改变呼吸方式。所以羽化期临近的时候，它们会提前几天将身子探出水面。我曾观看过水虿蜕变成蜻蜓的过程，着实替它捏了一把汗。14～15页中介绍的情形，就发生在凌晨四点不到。当时，我看到水虿爬上栖木，就急忙跑到饲养箱前观察。水虿从哪儿蜕壳而出是固定的，它从胸前隆起的地方钻出来，很费劲。大部分身体钻出来后，形成腹尖悬挂的姿势，便以这样的姿势一动不动地休息了30分钟左右。然后它抬起身子，抓住旧壳把腹尖拔出来——它花时间等待腿脚站稳，似乎就是为了这一刻。

蜻蜓羽化的过程存在很多风险，也有失败的例子。我饲养的另一只蜻蜓，就掉进水里死掉了。

羽化后的成虫，离开水池和泥塘飞得不知去向。刚蜕化的碧伟蜓，大大的复眼和身体都很柔软，颜色也有些不同。10天左右，碧伟蜓就会成熟，身体会变得结实，眼睛里透亮的绿色也会加深。大多数的蜻蜓成熟后颜色变化会很大，但碧伟蜓只有雌虫的翅膀颜色会变成深茶褐色。

绘本做成之前

本书内容全部是我根据实物取材、观察描绘出来的。碧伟蜓以外的蜻蜓资料，也是我前往这些蜻蜓的栖息地获得的第一手资料。但是一切并不像预期的那么顺利。在有限的时间和地点中，我扑空了无数次。状况总是超出我的预想，这就是大自然。

在此期间，承蒙青木隆先生、梅村有美先生、大田黑摩利先生、斋藤清先生、铃木俊夫先生、松崎雄一先生、森川政人先生、若菜康史先生指教。在此，再次表示感谢。

（安永一正）

Tonbo
Copyright © 2007 by Kazumasa Yasunaga
First published in Japan in 2007 by FROEBEL-KAN COMPANY, LIMITED.
Simplified Chinese Translation copyright © 2022 by Beijing Dandelion Children's Book House Co., Ltd.
Through Future View Technology Ltd.
All rights reserved.

版权合同登记号 图字：22-2021-034

图书在版编目（CIP）数据

昆虫观察第一课. 蜻蜓 / （日）安永一正文图 ；黄
帆译. -- 贵阳：贵州人民出版社，2022.5
　ISBN 978-7-221-16697-5

Ⅰ. ①昆… Ⅱ. ①安… ②黄… Ⅲ. ①昆虫—儿童读
物②蜻蜓目—儿童读物 Ⅳ. ①Q96-49②Q969.22-49

中国版本图书馆CIP数据核字(2021)第175887号

昆虫观察第一课·蜻蜓
KUNCHONG GUANCHA DI-YI KE　QINGTING

策划 / 蒲公英童书馆　责任编辑 / 颜小鹂　执行编辑 / 李兰兰　装帧设计 / 王艳霞　责任印制 / 郑海鸥
出版发行 / 贵州出版集团　贵州人民出版社　地址 / 贵阳市观山湖区会展东路SOHO办公区A座　电话 / 010-85805785（编辑部）
印刷 / 北京华联印刷有限公司（010-87110703）
版次 / 2022年5月第1版　印次 / 2022年5月第1次印刷　开本 / 860mm×1092mm 1/16　印张 / 2.25　字数 / 28千字
定价 / 228.00元（全10册）
官方微博 / weibo.com/poogoyo　微信公众号 / pugongyingkids　蒲公英检索号 / 210401000

如发现图书印装质量问题，请与印刷厂联系调换 / 版权所有，翻版必究 / 未经许可，不得转载

昆虫观察
第一课 天牛

[日] 安永一正 文图　黄 帆 译

昆虫观察第一课 天牛

[日] 安永一正 文图　黄 帆 译

G 贵州出版集团　贵州人民出版社

夏日午后

无花果树上，
嗡地飞来一个什么东西。
啊呀，是什么呢？

3

星天牛

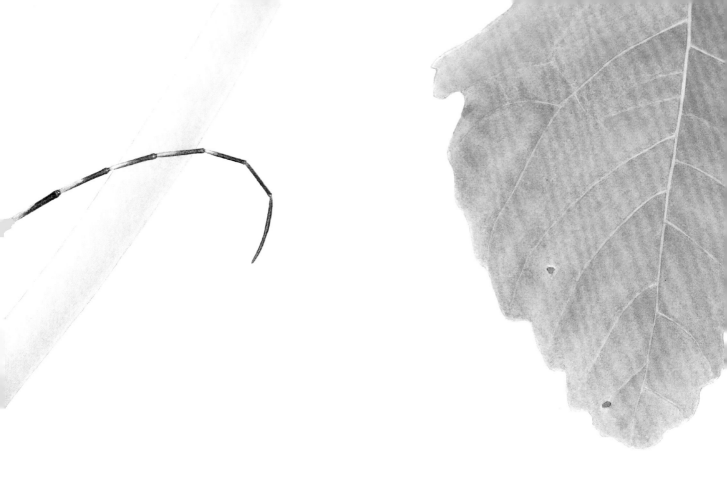

是天牛！

停在无花果树枝头的是星天牛。
它是天牛家族的成员，
有着长长的触角和漂亮的斑点。

星天牛
是什么虫?

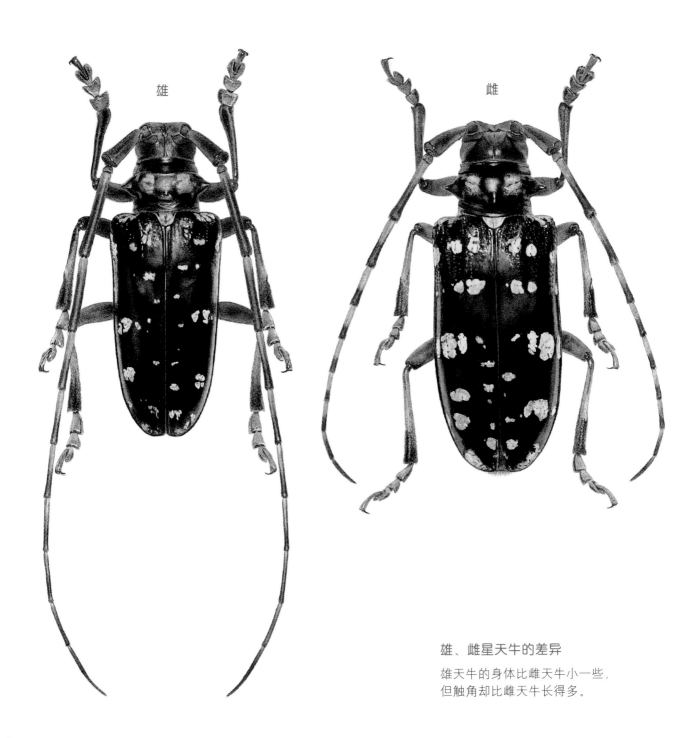

雄

雌

雄、雌星天牛的差异

雄天牛的身体比雌天牛小一些，
但触角却比雌天牛长得多。

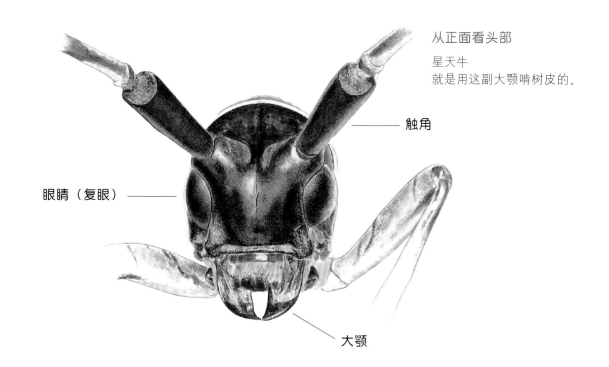

从正面看头部
星天牛
就是用这副大颚啃树皮的。

触角

眼睛（复眼）

大颚

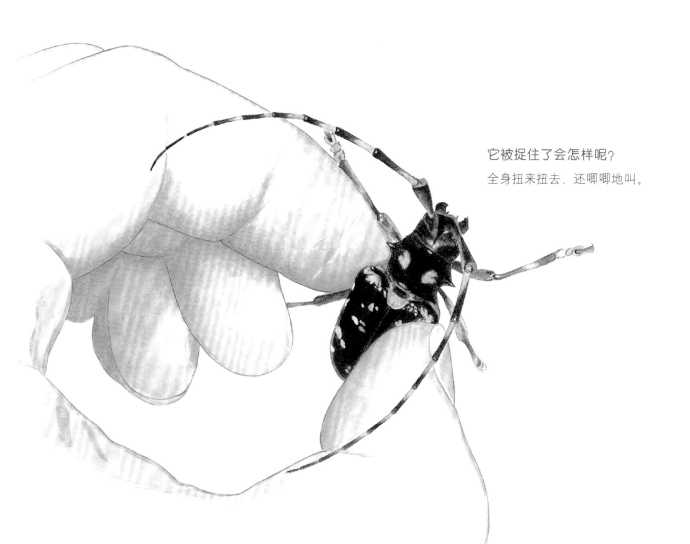

它被捉住了会怎样呢？
全身扭来扭去，还唧唧地叫。

找天牛去!

如果一棵树上有这些现象，
就一定有天牛藏在里面。

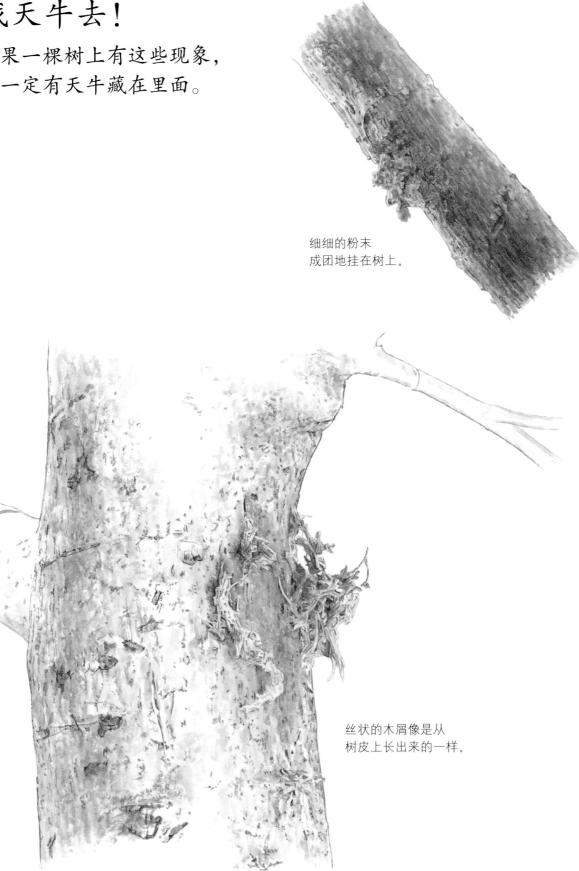

细细的粉末
成团地挂在树上。

丝状的木屑像是从
树皮上长出来的一样。

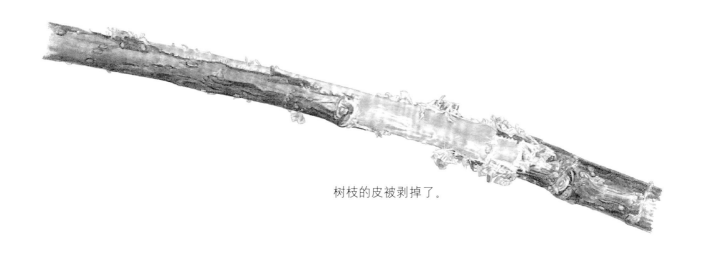

树枝的皮被剥掉了。

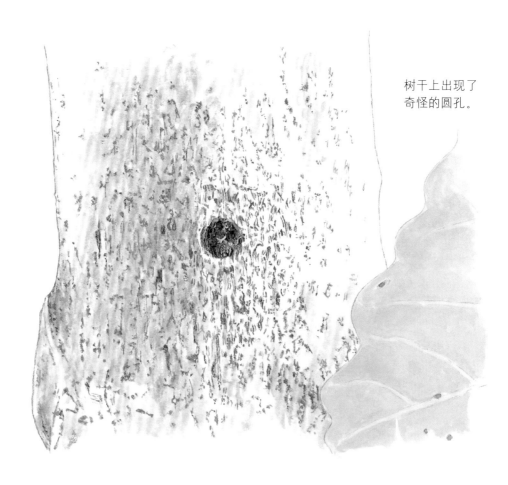

树干上出现了
奇怪的圆孔。

那么，我们再去无花果树上看看吧。

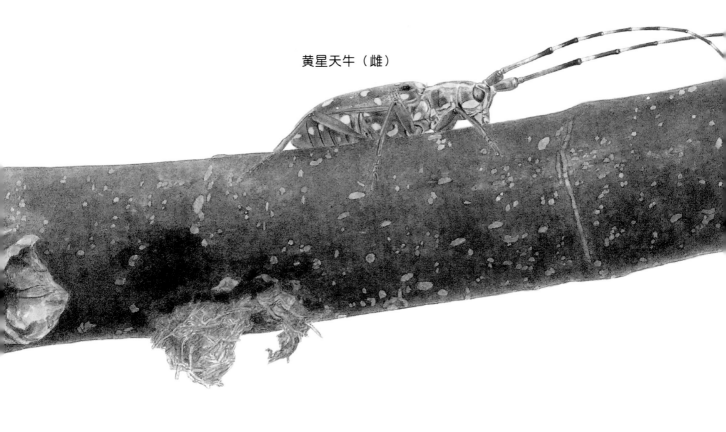

黄星天牛（雌）

找到另一个家伙！

在有木屑的无花果树上找一找，
发现一只比星天牛小一点的家伙。
这是黄星天牛，
雄虫的触角特别长。

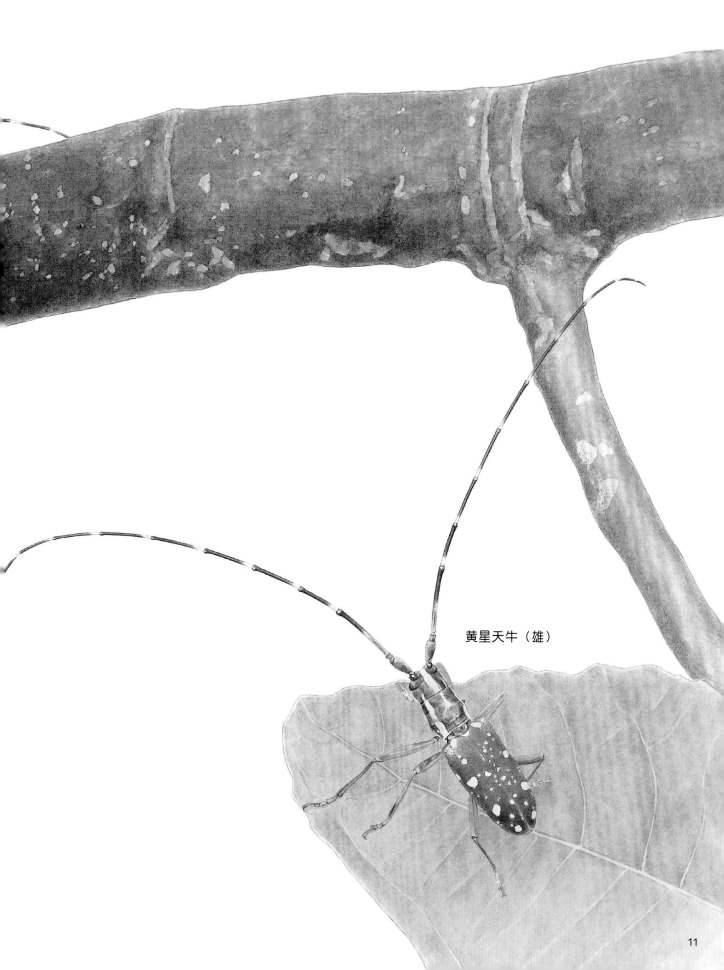

黄星天牛（雄）

再到别的树上找找看！

这次我们来调查一下桑树。

桑树会结出这样的果实。

桑天牛

黄星天牛

14

桑树枝上，
有只很大的桑天牛
正埋头啃着树皮。
还有一只是黄星天牛。

柿虎天牛

琉璃星天牛

木材或枯树枝上

堆在林边或者山间的木材，
会招来各种各样的天牛，
枯树和枯枝上也会有。

半灰坡天牛

琉璃星天牛

瘦脊虎天牛

17

薄翅天牛

夜间的杂木林

有的天牛
一到晚上就开始活动。
天刚蒙蒙黑，
薄翅天牛
就从藏身的洞里爬出来了。
这些虫是为了吸食树液
而聚集到一起的。

栗山天牛

二色长绿天牛

黄纹花天牛

黑角伞花天牛

琉璃灰蝶

鲜花上也有天牛光顾

山路边，
开着圆锥绣球的花。
白色的花吸引来一些小天牛。
它们是来采花蜜、
吃花粉的。

黑角伞花天牛

彗星凸胸花天牛

异花天牛

都是天牛

天牛的种类很多，
大小、颜色、花纹……千差万别。

※ 图片都是实物的2倍。

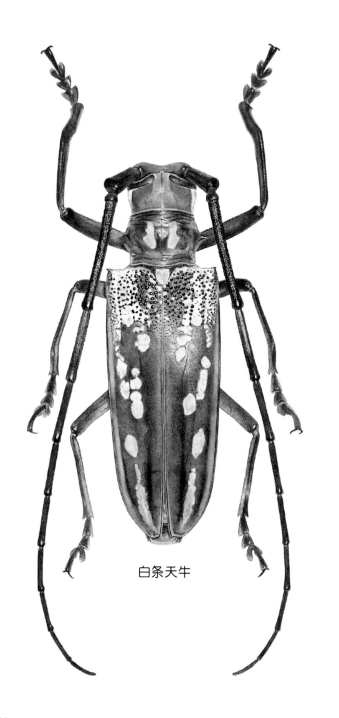

白条天牛

岛锯天牛

柯天牛

菊小筒天牛

椎天牛

娇金花天牛

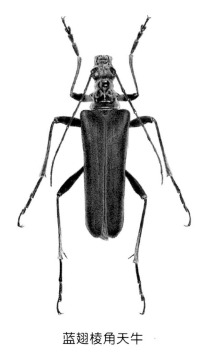

蓝翅棱角天牛

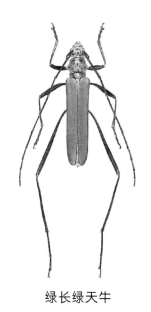

绿长绿天牛

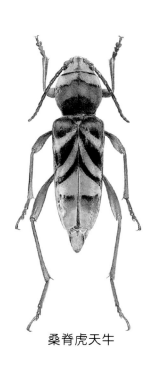

桑脊虎天牛

葡萄虎天牛

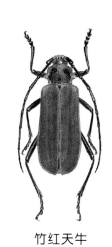

竹红天牛

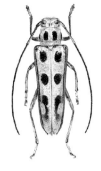

榆并脊天牛

粗绿直脊天牛

日本筒天牛

天牛报

· 天牛通讯社 ·

动手养天牛

不同种类的天牛，吃的食物也不同。
星天牛不管什么树皮都能啃着吃，
平时给它吃苹果就可以了。

可以把果冻当作琉璃星天牛的饲料。
也可以试着放一块苹果，看它吃不吃。

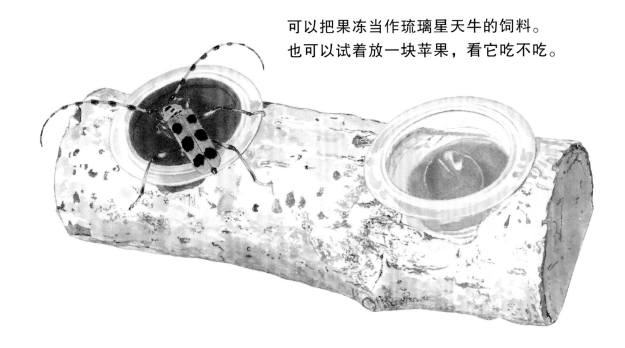

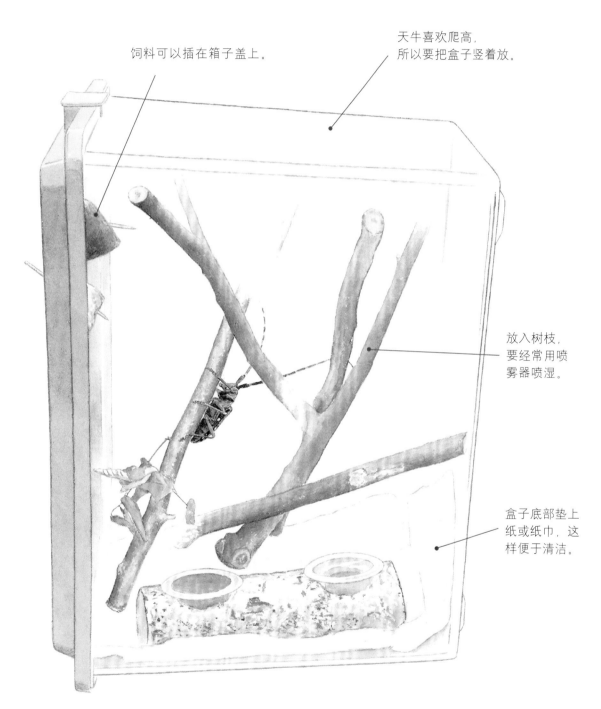

饲料可以插在箱子盖上。

天牛喜欢爬高，
所以要把盒子竖着放。

放入树枝，
要经常用喷
雾器喷湿。

盒子底部垫上
纸或纸巾，这
样便于清洁。

饲养箱要放在通风好的阴凉处。

天牛在树干里长大

我们来观察一下，
星天牛的成长过程吧。

① 雌星天牛正在用大颚啃树皮。

② 然后把尾尖插入啃过的
   树皮处产卵。

③ 它一个接一个地把
   卵产在树皮里。

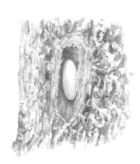

④ 卵里孵出来的幼虫
   开始吃树木了。

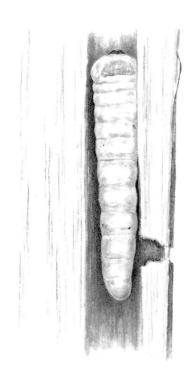

⑤ 幼虫在树干里一边挖隧道，一边吃着树木长大，然后把木屑、粪便从洞口排出。

⑥ 长大的幼虫变成了蛹。

⑦ 最后，蛹在隧道里蜕变为成虫，再从扩大的树洞口钻出来。每年的6～8月，你肯定知道在什么地方能找到它。

什么是天牛？

天牛与独角仙、萤火虫、瓢虫等都属于鞘翅目昆虫。天牛大多拥有细长的身子和触角，不过也有触角很短的。天牛的幼虫主要在树枝、树干中长大，但也有在草茎中成长起来的。

天牛种类繁多、色彩各异，光是天牛图鉴就让人百看不厌，感觉美不胜收，所以天牛爱好者很多。30年前我也是其中之一，东奔西跑到处寻找不同种类的天牛。

我们身边的天牛

本书开头出现的星天牛，就是在住宅区里都能见到的天牛种类。无花果树、桑树、枫树、橘子树、悬铃木、柳树等各种树木上，天牛的幼虫都能生长。由于天牛很擅长飞行，所以在它活动区域以外的树木、车站等你意想不到的地方，也能见到它。

黄星天牛在无花果树和桑树上很常见，也是离我们最近的天牛之一。它会在同一棵树上繁殖很多幼虫。因为数量多，所以是最容易捕捉的天牛。

星天牛和黄星天牛的幼虫，都靠啃食树木来填饱肚子。如果一棵树里有太多的天牛，树木就会慢慢枯死，所以我们经常能听到把天牛当害虫驱除的事。

本书第14页的桑天牛，是名副其实生活在桑树上的天牛，有时也会出现在无花果树上。我在住宅区停车场的桑树上见到过它，我很惊讶它能在大城市里顽强地生存下来。虽然桑天牛个头很大，但在阴影下静静啃树皮的它，一点也不醒目。

到山里去

在山里的枯树和被砍伐的木材上找找，你会发现各种天牛。不同的天牛，喜爱的树木也不同，所以山间树木的种类越多，天牛的种类也就越多。到树木种类多的地方转转，在不同的树下仔细找找，或许就能发现各种天牛。

除了树木的种类，不同的季节和时间也会影响我们见到的天牛种类。夏季活跃的天牛种类很多，但第22~23页中出现的菊小筒天牛，是春季至夏初才能见到的天牛，而竹红天牛和葡萄虎天牛则要到夏末才会出现。

也有很多喜欢花的天牛，除了圆锥绣球的花，枫树、灯台树、小米空木、华东山柳的花都是天牛喜欢的。晴朗无风的时候，天牛会和其他昆虫一起来到这些花上。还有一些特殊品种的天牛，有的只去阴凉处的花上，有的雨天才来。

饲养天牛

星天牛、桑天牛等天牛会到自己喜欢的树上啃食树皮。饲养这些天牛时，可以在饲养箱里放入它们喜欢的树枝，这样能观察到它们更自然的状态。

要是找不到天牛喜欢的树枝，或是不知道它们喜欢什么树枝，可以给它们吃苹果或果冻。我曾经只用苹果，就把在8月捕捉到的星天牛养到了第二年的1月。如果喂它们吃萝卜、南瓜……会发生什么呢？它们最喜欢吃什么呢？不妨都试一试，会很有意思的。

本书介绍的天牛，仅仅是所有天牛种类中的一小部分。自然界里还有很多漂亮的天牛，希望你也能多多寻找、观察天牛，在它们身上发现各种乐趣。

（安永一正）

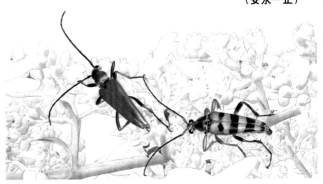

Kamikirimushi
Copyright © 2007 by Kazumasa Yasunaga
First published in Japan in 2007 by FROEBEL-KAN COMPANY, LIMITED.
Simplified Chinese Translation copyright © 2022 by Beijing Dandelion Children's Book House Co., Ltd.
Through Future View Technology Ltd.
All rights reserved.
版权合同登记号 图字：22-2021-034

图书在版编目（CIP）数据

昆虫观察第一课. 天牛 / （日）安永一正文图 ； 黄
帆译. -- 贵阳：贵州人民出版社，2022.5
ISBN 978-7-221-16697-5

I. ①昆… II. ①安… ②黄… III. ①昆虫—儿童读
物②天牛科—儿童读物 IV. ①Q96-49②Q969.511.4-49

中国版本图书馆CIP数据核字(2021)第175886号

昆虫观察第一课·天牛
KUNCHONG GUANCHA DI-YI KE TIANNIU

策划 / 蒲公英童书馆 责任编辑 / 颜小鹂 执行编辑 / 李兰兰 装帧设计 / 王艳霞 责任印制 / 郑海鸥
出版发行 / 贵州出版集团 贵州人民出版社 地址 / 贵阳市观山湖区会展东路SOHO办公区A座 电话 / 010-85805785（编辑部）
印刷 / 北京华联印刷有限公司（010-87110703）
版次 / 2022年5月第1版 印次 / 2022年5月第1次印刷 开本 / 860mm×1092mm 1/16 印张 / 2.25 字数 / 28千字
定价 / 228.00元（全10册）
官方微博 / weibo.com/poogoyo 微信公众号 / pugongyingkids 蒲公英检索号 / 210401000

如发现图书印装质量问题，请与印刷厂联系调换 / 版权所有，翻版必究 / 未经许可，不得转载

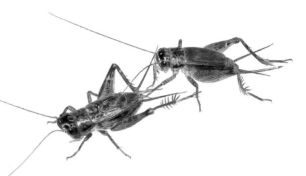

昆虫观察
第一课 蟋蟀

〔日〕安永一正 文图　黄 帆 译

昆虫观察第一课 蟋蟀

[日] 安永一正 文图　黄 帆 译

贵州出版集团　贵州人民出版社

亮灰蝶

这里是河边的堤坝，
到处能听到昆虫的叫声。
河堤上长满了草，
草丛里生活着很多昆虫。

七星瓢虫

刚走进草丛，
几只蟋蟀就跳出来了。
蟋蟀的种类有很多，
让我们悄悄走近，
看看都有哪些吧。

这是黄脸油葫芦的雌虫。
黄脸油葫芦的个头很大，
雌虫的尾尖上
有一根长长的像针似的东西。
黄脸油葫芦正在草丛中穿行。
它要去哪呢？
我们跟着去看看吧。

多伊棺头蟋（雄）

咕咕咕咕，咕咕咕咕，
一只蟋蟀在高声叫着，
是多伊棺头蟋。
它的头尖尖的，两边突出，很有趣。
它的声音是通过翅膀相互摩擦发出来的。
不过，黄脸油葫芦毫不在意它，
继续前行。

这里有一堆石头，
黄脸油葫芦轻松地爬了上去，
旁边有一只迷卡斗蟋，
它哩——哩——哩——地叫着。
可是，黄脸油葫芦装作没看见，
和它擦肩而过。

迷卡斗蟋（雄）

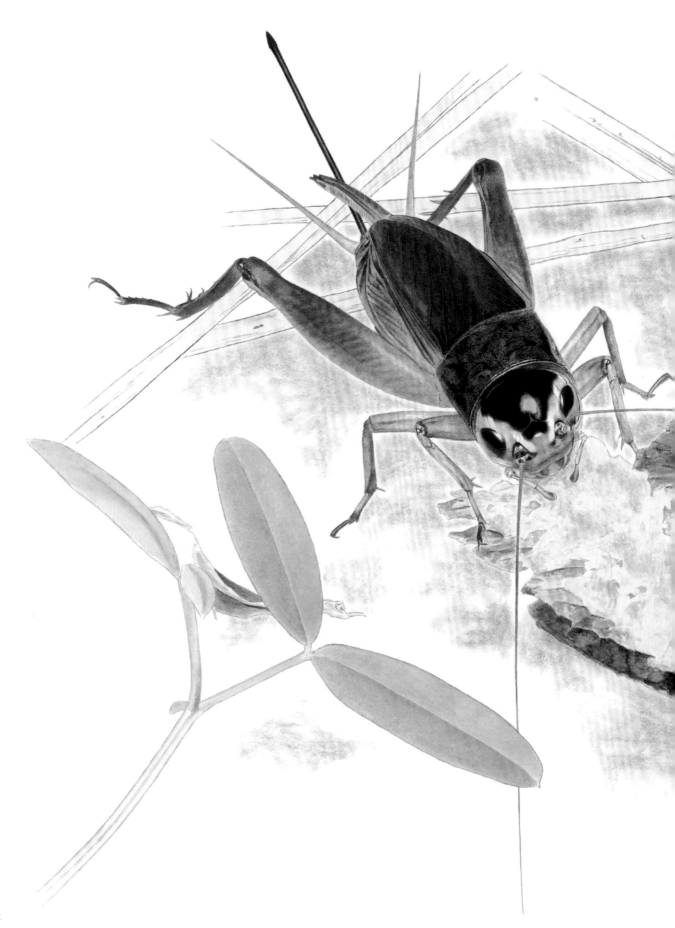

河堤的小路上，
有一块掉在地上的烤红薯，
这可是难得的美餐，
黄脸油葫芦开始大口大口地吃起来。
蟋蟀家族一般什么都吃，
草叶、草籽、死掉的虫子、
掉落的菜叶子……

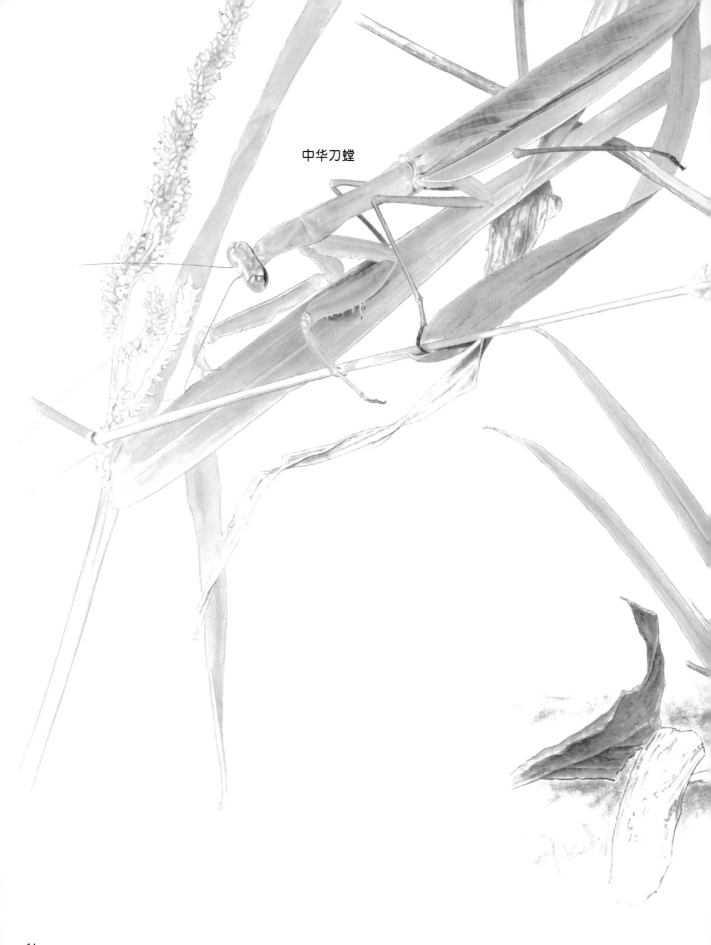

中华刀螳

黄脸油葫芦又出发了。
突然，它遇到一只可怕的螳螂。
螳螂一看见其他虫子，
就会捉来吃掉。
黄脸油葫芦赶紧钻进枯叶堆，
逃过了螳螂的眼睛。

咕噜咕噜咕噜……
一阵清脆的叫声响起，
好像滚动的铃铛声，
非常悦耳。
这次，黄脸油葫芦
朝着发出响声的地方爬去了。

黄脸油葫芦（雄）

发出叫声的正是黄脸油葫芦的雄虫。
一有雌虫靠近，它就会这样叫：
咕噜咕噜溜——
叫声不大，很温柔。
它在呼唤雌虫呢。

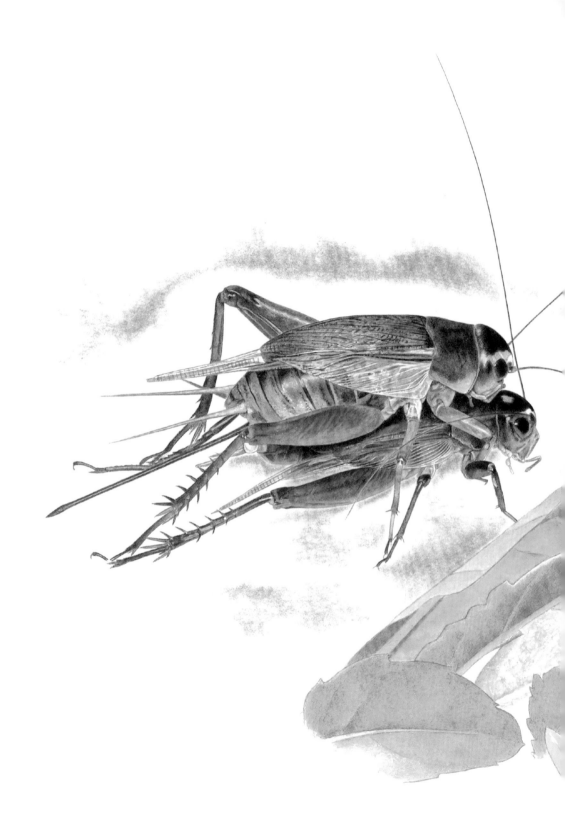

雌蟋蟀从背后
爬到雄蟋蟀的背上。
雄蟋蟀从尾尖
伸出一个白色的、圆圆的东西，
接在雌蟋蟀的尾部。
这样做是为了
使雌蟋蟀产卵留下后代。

接下来，雄蟋蟀和雌蟋蟀
会在一起和睦地生活一段时间。
草丛中、石头下都是蟋蟀的家。
有时候洞穴里会同时住着两只蟋蟀。

不久，雌蟋蟀又出发了。
它找到了一片潮湿的地面。
在这里，它把尾尖上长长的针
插进地下产卵。

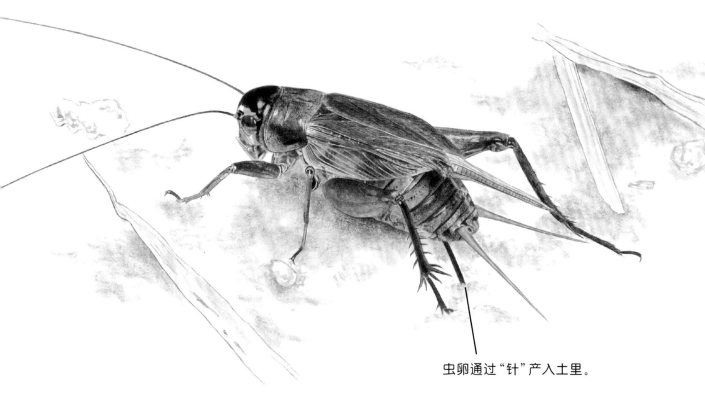

虫卵通过"针"产入土里。

地面下的虫卵

在秋季产下的虫卵
要度过寒冷的冬天，
到第二年夏初，才会孵出若虫。
若虫蜕过几次皮后才会成熟。
草丛中的一些地方，
就生活着这样的蟋蟀。

蟋 蟀 报

·蟋蟀通讯社·

我们身边的蟋蟀

还有这些蟋蟀。

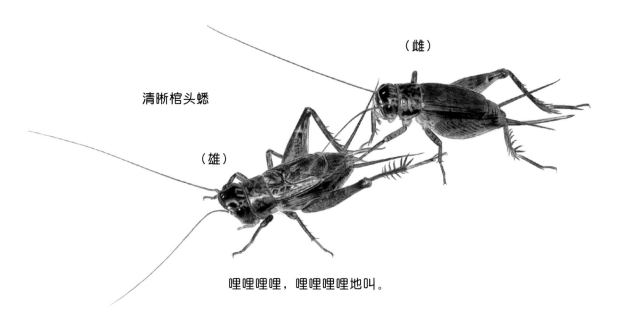

（雌）

清晰棺头蟋

（雄）

哩哩哩哩，哩哩哩哩地叫。

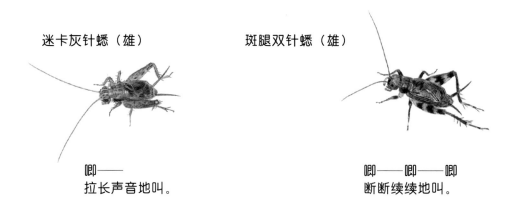

迷卡灰针蟋（雄）　　　斑腿双针蟋（雄）

唧——　　　　　　　　唧——唧——唧
拉长声音地叫。　　　　断断续续地叫。

※ 大多数品种的蟋蟀，雄虫通过摩擦翅膀发声，而雌虫不叫。
　　但也有一些品种雌、雄虫都不叫。

动手饲养蟋蟀

图中的饲养箱没有盖上盖子，平常要盖上，以防蟋蟀逃跑。

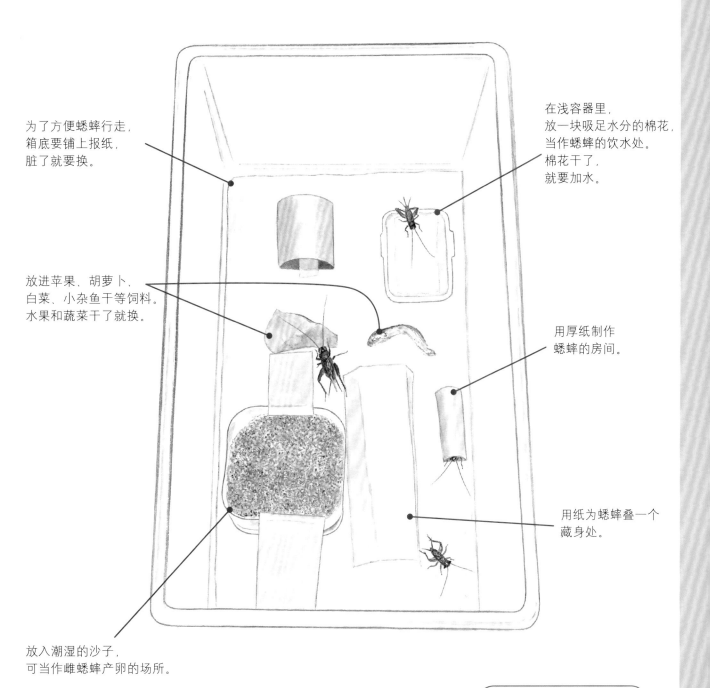

为了方便蟋蟀行走，箱底要铺上报纸，脏了就要换。

放进苹果、胡萝卜、白菜、小杂鱼干等饲料。水果和蔬菜干了就换。

放入潮湿的沙子，可当作雌蟋蟀产卵的场所。

在浅容器里，放一块吸足水分的棉花，当作蟋蟀的饮水处。棉花干了，就要加水。

用厚纸制作蟋蟀的房间。

用纸为蟋蟀叠一个藏身处。

放在太阳照不到的地方。

我们身边的蟋蟀

日本的蟋蟀有100多种，其中既有生活在草丛中或树上的，也有生活在地面上的，如本书中介绍的黄脸油葫芦、多伊棺头蟋、迷卡斗蟋等，它们作为秋鸣虫一直为人们所熟悉。26页中介绍的清晰棺头蟋也是蟋蟀家族的一员，它和迷卡灰针蟋、斑腿双针蟋等蟋蟀一样，是离人们较近的蟋蟀，在市区都能见到。

其中，黄脸油葫芦个子大，雄虫叫声优美，是很容易让人一见钟情的蟋蟀，即使对小朋友来说，它也是很有魅力的昆虫。与它相似的还有台湾黄脸油葫芦和虾夷黄脸油葫芦，它们的样子和黄脸油葫芦很像，但它们的叫声单调，与黄脸油葫芦还是有区别的。

雌、雄蟋蟀的行动

秋天在河滩的草丛间，能看到黄脸油葫芦的成虫。雌虫出现在人们面前的时候要多一些，雄虫更喜欢藏起来。一般认为，雌蟋蟀四处奔走主要是在寻找配偶或产卵的场所。不过，千辛万苦找到雄蟋蟀后，雌蟋蟀会立刻变得十分强势，这是蟋蟀的一个特点——雌蟋蟀掌握着交尾的主动权。

以黄脸油葫芦为代表，许多品种的雄蟋蟀只要发现雌蟋蟀，就会发出求爱的叫声。这种叫声与平时召集伙伴的叫声不同，是专门为邀请雌蟋蟀交尾而发出的。雄蟋蟀一边发出求爱的叫声，一边背对着雌蟋蟀退着走要求交尾。如果雌蟋蟀接受了求爱，就会从后面爬到雄蟋蟀的背上，雄蟋蟀会将装有精子的圆形精囊对接在雌蟋蟀的尾部，开始交尾。但如果雌蟋蟀不想交尾，就不会爬上雄蟋蟀的背。雌、雄蟋蟀能否成功交尾，完全取决于雌蟋蟀的兴致。

羽化

如果雌、雄蟋蟀一起饲养，你就会发现：在野外找到的雌蟋蟀大多是交过尾的，所以一般不会理睬雄蟋蟀的求爱。但只要不是临近雌蟋蟀的产卵期，还是能看到蟋蟀交尾的场面的。

在饲养箱里羽化的成虫，彼此之间能和睦相处，并且成熟后的几天内就会交尾，所以亲自动手饲养蟋蟀比较好。若虫长大后，雌蟋蟀的尾尖会长出产卵用的产卵管，可根据有没有产卵管来判别雌雄。

我曾把刚羽化的雌、雄蟋蟀放到一起。雌蟋蟀显得非常积极，主动用触角和胡须确认对方，雄蟋蟀还没叫呢，雌蟋蟀就爬到它背上去了。我非常惊讶，以前还以为求爱的叫声是必不可少的。看来只要雌蟋蟀满意，就可以进行交尾。交尾后，它们静静地相依相偎，还常会用触角或前肢去接触对方的身体，让人感觉它们在一起很温馨。

我用厚纸做了一个"蟋蟀屋"，放进饲养箱里，蟋蟀会成对肩并肩地钻进蟋蟀屋，多伊棺头蟋和清晰棺头蟋都会这样。但愿你也能看到和睦相处的蟋蟀。商店里有卖蟋蟀食饵的，不过它们也喜欢苹果，常常歪着头啃。

（安永一正）

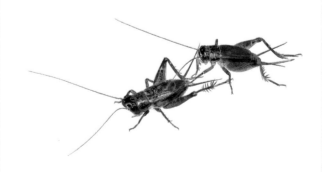

Kourogi
Copyright © 2008 by Kazumasa Yasunaga
First published in Japan in 2008 by FROEBEL-KAN COMPANY, LIMITED.
Simplified Chinese Translation copyright © 2022 by Beijing Dandelion Children's Book House Co., Ltd.
Through Future View Technology Ltd.
All rights reserved.

版权合同登记号 图字：22-2021-034

图书在版编目（C I P）数据

昆虫观察第一课. 蟋蟀 / （日）安永一正文图；黄
帆译. -- 贵阳：贵州人民出版社，2022.5
　ISBN 978-7-221-16697-5

　Ⅰ. ①昆… Ⅱ. ①安… ②黄… Ⅲ. ①昆虫-儿童读
物②蟋蟀-儿童读物 Ⅳ. ①Q96-49②Q969.26 49

中国版本图书馆CIP数据核字(2021)第175879号

昆虫观察第一课·蟋蟀
KUNCHONG GUANCHA DI-YI KE XISHUAI

策划 / 蒲公英童书馆　责任编辑 / 颜小鹏　执行编辑 / 李兰兰　装帧设计 / 王艳霞　责任印制 / 郑海鸥
出版发行 / 贵州出版集团 贵州人民出版社　地址 / 贵阳市观山湖区会展东路SOHO办公区A座　电话 / 010-85805785（编辑部）
印刷 / 北京华联印刷有限公司（010-87110703）
版次 / 2022年5月第1版　印次 / 2022年5月第1次印刷　开本 / 860mm×1092mm 1/16　印张 / 2.25　字数 / 28千字
定价 / 228.00元（全10册）
官方微博 / weibo.com/poogoyo　微信公众号 / pugongyingkids　蒲公英检索号 / 210401000

如发现图书印装质量问题，请与印刷厂联系调换/版权所有，翻版必究/未经许可，不得转载

昆虫观察
第一课 象甲

[日] 安永一正 文图　黄　帆 译

昆虫观察
第一课 象甲

[日] 安永一正 文图 黄 帆 译

贵州出版集团 贵州人民出版社

夏季的树林

夏天来了，
生长着枹栎和麻栎的树林
散发出阵阵酸甜的气味。
日拟阔花金龟飞过来，
吸着枹栎树的树液。

※ 树上有3只日拟阔花金龟，
它们在哪儿呢？
答案在29页。

3

绿罗花金龟

松瘤象甲

日拟阔花金龟

日拟阔花金龟

这是什么昆虫？

在这棵枹栎上，
跟日拟阔花金龟一起吸树液的
还有其他一些昆虫。
它们不太显眼，
身上的花纹和树皮混成一片。
让我们走近看看吧。

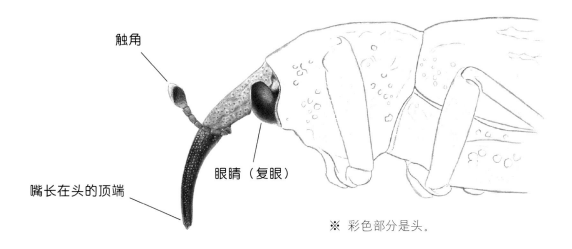

触角

嘴长在头的顶端

眼睛（复眼）

※ 彩色部分是头。

从侧面看

这是松瘤象甲。
仔细看，它的样子很奇怪，
头部顶端伸出的部分
像长长的大象鼻子，
所以它被称为象甲。
它的动作也跟大象一样慢吞吞的。

这里有什么呢？

象甲的种类很多，
去这样的植物上找找看吧。
这是一种叫葛的藤本植物，
它们宽宽大大的叶子上，
肯定有点什么。

这也是象甲

走近一看，
葛叶上真的有一只象甲。
这是沟眶象，
经常能看到它趴在葛茎上，
纹丝不动。

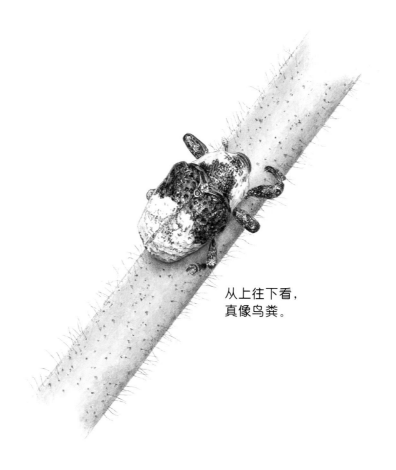

从上往下看，
真像鸟粪。

这只象甲正把嘴巴插进葛茎里，
吃里面的芯呢。

移动的时候

从前面看

从后面看

仔细观察

沟眶象
长着一副黑白相间的短粗身材,
总觉得有点像大熊猫。
虽然它的头很尖,
可还是象甲的样子。

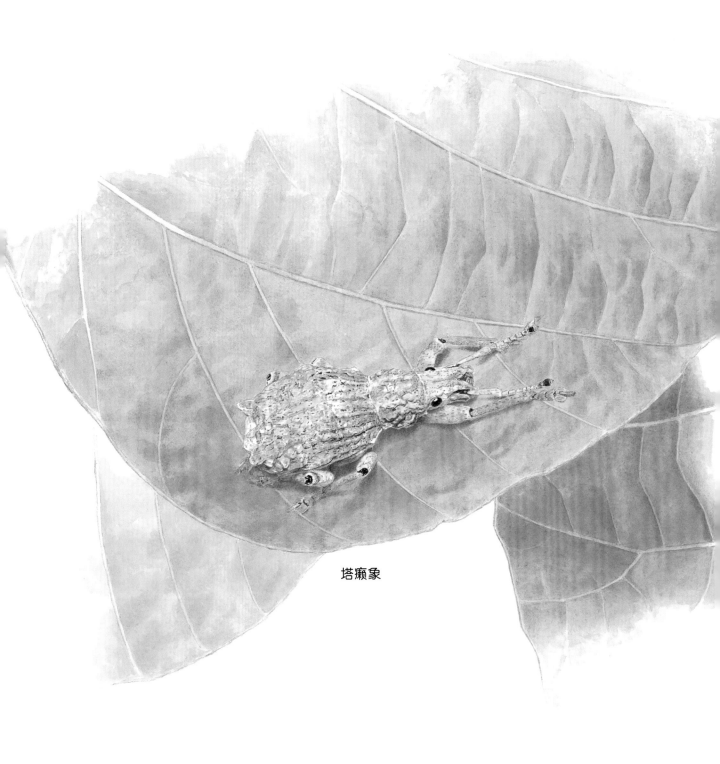

塔癞象

葛叶上的象甲们

找到了葛叶，
就能发现很多不同种类的象甲。
有大个的塔癞象，
也有小个的短带长颚象甲。

短带长颚象甲

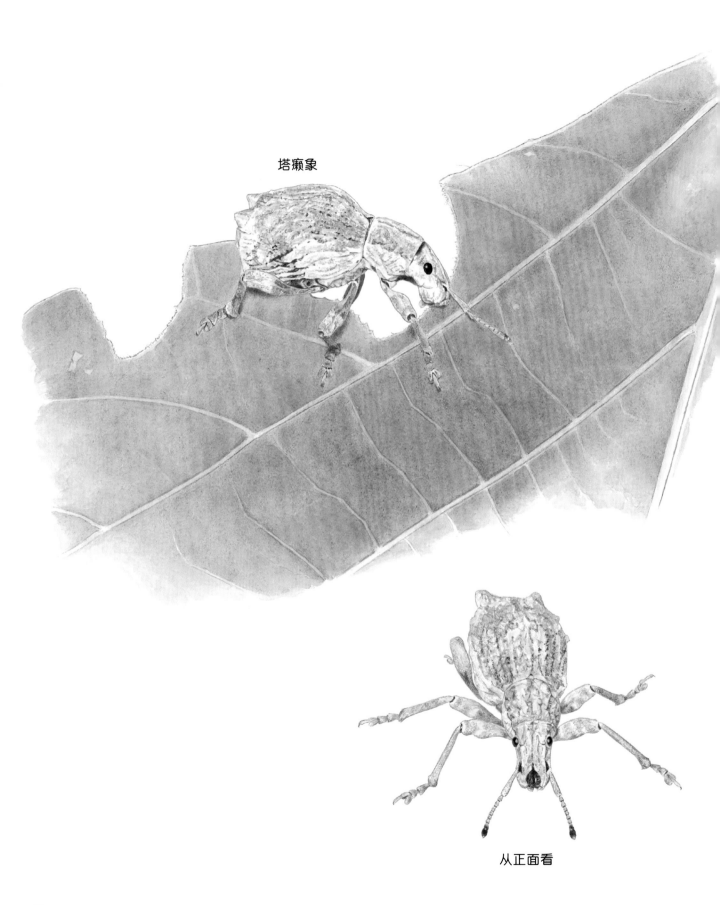

塔癞象

从正面看

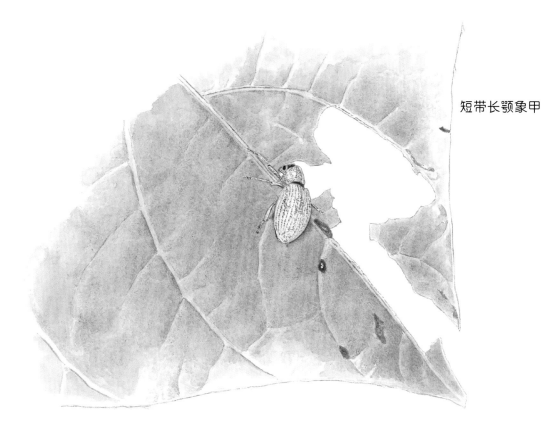

短带长颚象甲

正在吃叶子

塔癞象和短带长颚象甲
都以葛叶为食。
它们的头也都是尖尖的，
只是没有松瘤象甲
和沟眶象那么长；
嘴也都长在头部顶端。
它同样是象甲家族的成员。

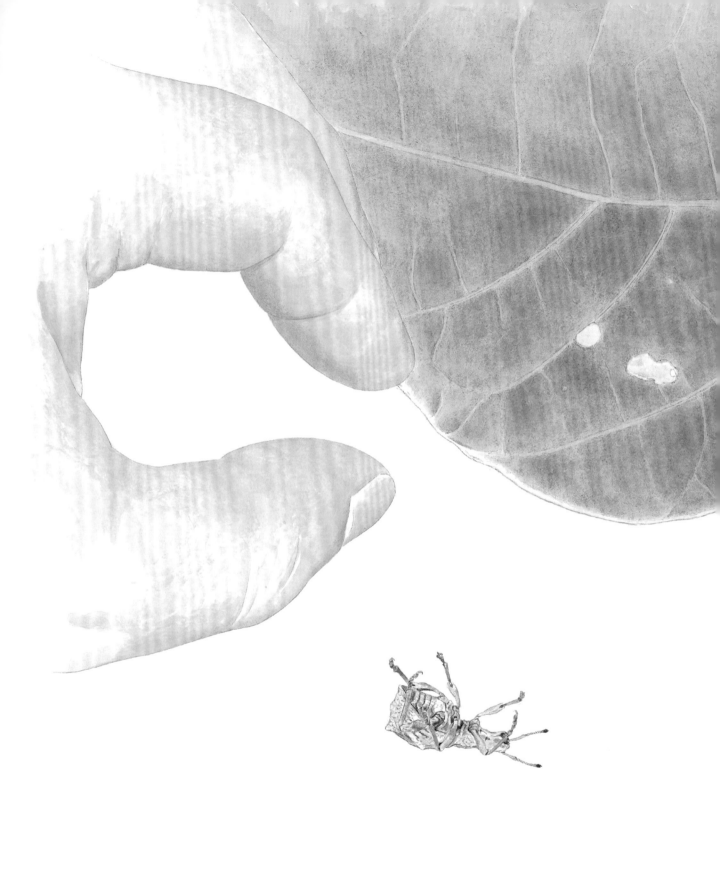

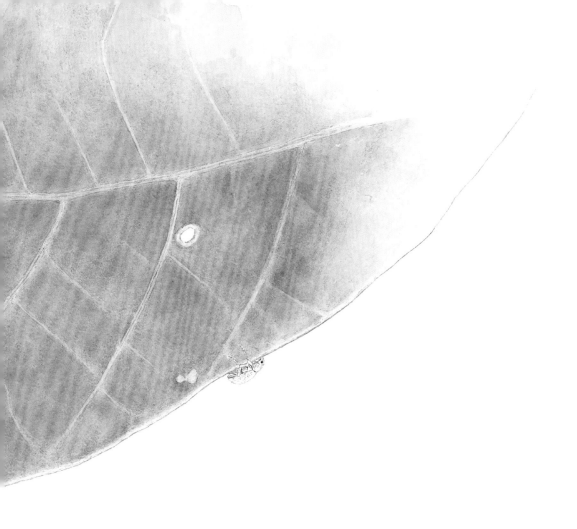

啊呀！

我想捉一只象甲，
可是，短带长颚象甲
一下子就躲到叶子背面去了。
碰一下塔癞象，
它就直接掉到了地上。
这究竟是怎么回事呀？

纹丝不动

塔癞象
掉到地面上一动不动，
就像死了一样。

掉进草丛不动弹的话，
就很难被发现。
塔癞象就是这样保护自己的。

如果掉进这种地方，
就根本找不到它了。

各种各样的象甲

象甲种类繁多，
大小、形状、花纹，
还有生活的地方都各不相同，
这里列举的只是其中很小的一部分。

※ 以下图例都是实物的2.5倍。

苹霜绿树叶象甲

除了苹果树叶，
别的树叶也吃。

小绿尖筒象

小而漂亮的象甲。

双横带伪麻象甲

在很多草和树叶上
都能看得到。

蔬菜象甲

来自美洲大陆的象甲。

淡灰瘤象甲

吃橡木和土当归的叶子。

大绿象甲

是绿色象甲中，
个头最大的一种。

黑球谷象甲

生活在日本南方的岛屿上
（石垣岛、西表岛）。

细长横沟象

身上带有白色斑点。

锈圆嘴象甲

头顶的形状很特别。

长足象甲

在山间绣球花的
近缘植物上看得到。

梧桐球象甲

在梧桐树上
能找到。

长足扁喙象甲

朴树的枯树上
偶尔能看到。

锡金象甲

它用尖尖的嘴
在栗子上打洞，
然后将卵产在栗子里。

筒喙象甲

艾蒿和蓟的叶子上
经常能看到。

尖翅筒喙象甲

春天在领春木上
能找到。

十星象甲

经常趴在
树林的草地上。

玉米象甲

吃米粒及谷类，
是令人伤脑筋的昆虫。

稻水象甲

能自由地
在水里游动。

象甲报

象甲生长在这种地方

沟眶象产卵的痕迹，
以及幼虫的住所都很容易找到。
在葛茎上仔细找找看吧。

雌沟眶象把嘴插入葛茎里，
一边转着圈，一边从上向下
划出痕迹。

划完痕迹后，
将尾尖插进去产卵。

产完卵后，
就留下了这样的痕迹。

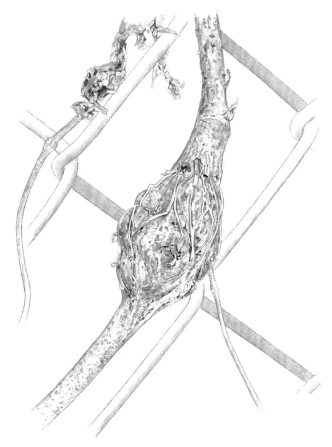

葛茎中的卵孵化成幼虫。
幼虫一长大，
葛茎就随着它膨胀变圆，
像个肿包。

幼虫一直生活在"虫包"里。
渐渐长大的幼虫变成了蛹，
然后变身为成虫，
爬到外面去。
沟眶象就是这样把葛当成家生活的。

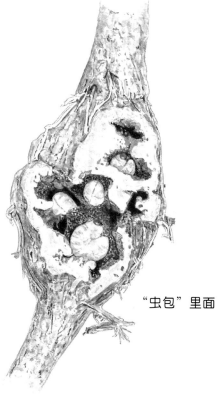

"虫包"里面

象甲家族
都是靠吃草茎、树干长大的。

动手饲养象甲

画中的饲养箱没盖盖子。
平时要盖上，放在阴凉处。

放进枯叶，
当作它们的
藏身之处。

放入湿润的草木垫子
（锯小的树木）。
虫垫一干，
就要加水。

放入果冻
（虫的食饵）。

放入木头，
象甲才好爬行。

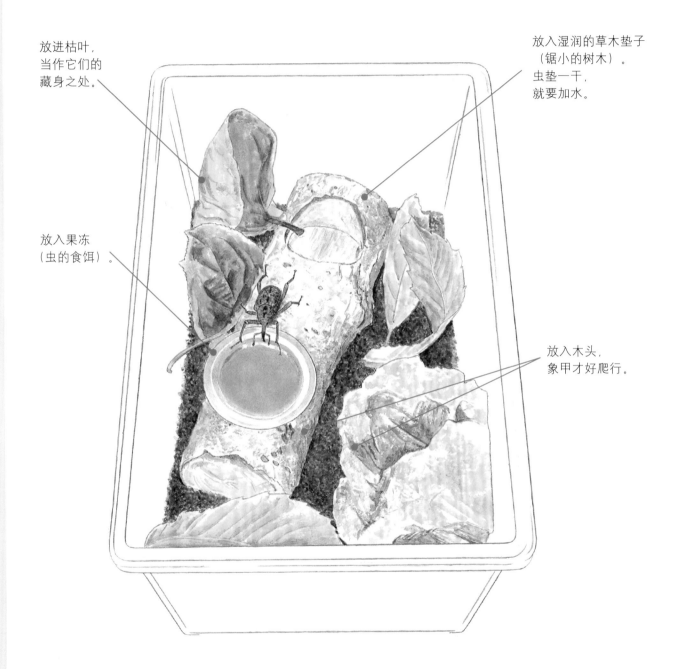

饲养在葛叶上的象甲

要亲手饲养塔癞象或沟眶象，就要在饲养箱里放上葛叶。

用葛叶制作象甲的房间。叶子蔫了就换。

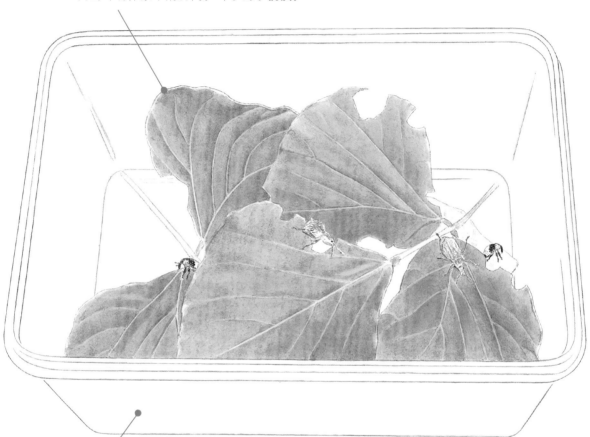

如果饲养箱通风太好，葛叶会蔫得比较快。
在盒子和盖子之间垫一层纸，或者在盖子上蒙一层保鲜纸来减小缝隙，可让叶子保鲜。

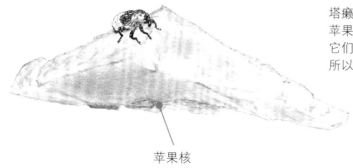

苹果核

塔癞象很爱吃葛叶。
苹果可以做沟眶象的饲料。
它们喜欢趴在葛茎上，
所以可以连着葛茎一起放进饲养箱。

象甲是什么昆虫？

有一些昆虫离人很近，却被人忽略了，象甲可以算是其中一种。象甲与独角仙、锹甲一样，身上覆盖着一层硬壳，属于甲虫类昆虫，但是它们大多个子小，不显眼，难以引人注目。不过，如果仔细观察你会发现，它们是很可爱、很有意思的昆虫。

象甲家族是甲虫中最大的一支，光是在日本被列入象甲科的昆虫就有大约850种。据说随着研究的深入，它们的种类还在增加。

象甲体型的最大特征是：头部顶端凸出（称为口吻），在头最前端处长着嘴。由于象甲是个大家族，所以其中也有口吻短的家伙。

松瘤象甲

最先出现在本书中的松瘤象甲，在象甲中是数一数二的大家伙，大个的能长到3厘米左右，除了在有树液的地方能经常看到它，木材堆上也能。但是松瘤象甲不属于常见象甲。为了收集资料，我曾到处寻找，找起来真不容易，费了好多周折。夜间，松瘤象甲有时会朝亮处飞。有一次，我正要赶去采访地，不经意间就看到它趴在车站墙壁上。你真的不知道会在什么地方遇到它，大意不得。

不管是象甲幼虫还是成虫，它们都喜欢吃植物，松瘤象甲的幼虫在枯木或树墩中靠吃木头长大。很多种树木都会吸引松瘤象甲，但好像松树一类的树木最能吸引它。因此，在混杂着松树的树林中，经常能发现它。松瘤象甲的成虫会吸食树液，不知道为什么，它们还喜欢黑啤酒。据说研究者做实验时，会把装有黑啤的容器作为诱饵来捕捉松瘤象甲。本人不擅饮酒，总觉得松瘤象甲是饮酒能手。

据说，饲养的松瘤象甲可以活上2～3年。它们的颜色和外形都很不起眼，也不会有什么令人不愉快的举动，只是平静、悠闲地生活着，我认为它是一种不错的昆虫。

葛上的象甲

葛，是生长在郊外和野山林边的茂密藤草，也是日本秋季的七草之一，紫红色的花很引人注目。在葛叶上最容易找到象甲。

葛上最常见的是身长4～6毫米的短带长颈象甲，一片葛叶上通常会有好几只。它们反应很灵敏，人一靠近，就立刻躲到叶子背面去了。

与此相反，沟眶象经常一动不动，就是被发现了也不动一下，紧紧粘在葛茎上，怎么抓它都不动。沟眶象走起路来大步向前，与它短粗的身材很相称，给人以稳重的印象。由于它身上有黑白相间的花纹，还常被人称为"熊猫象甲"，是一种很容易亲近的昆虫，身长大约10毫米。

沟眶象有时也会扑通掉在地上装死，但是装得最像的还是塔癞象。有人曾告诉我，塔癞象僵直地掉在地上时，你仔细观察就会发现它正用折叠的触角护着眼睛。遮住自己身上醒目的圆眼睛，躲过被攻击的概率也许会提高很多吧。但究竟效果如何，只有塔癞象自己知道了。

葛上最大的象甲身长有15～17毫米。

有机会的话，仔细观察一下象甲吧。

（安永一正）

28

夏季的树林

夏天来了，
生长着枹栎和麻栎的树林
散发出阵阵酸甜的气味。
日拟阔花金龟飞过来，
吸着枹栎树的树液。

※ 树上有3只日拟阔花金龟
（你发现几只呢？）
答案有29页。

※ 2~3页的答案。

Zoumushi

Copyright © 2009 by Kazumasa Yasunaga

First published in Japan in 2009 by FROEBEL-KAN COMPANY, LIMITED.

Simplified Chinese Translation copyright © 2022 by Beijing Dandelion Children's Book House Co., Ltd.

Through Future View Technology Ltd.

All rights reserved.

版权合同登记号 图字：22-2021-034

图书在版编目（CIP）数据

昆虫观察第一课. 象甲 / （日）安永一正文图 ；黄帆译. — 贵阳：贵州人民出版社，2022.5
ISBN 978-7-221-16697-5

Ⅰ. ①昆… Ⅱ. ①安… ②黄… Ⅲ. ①昆虫—儿童读物②象甲科—儿童读物 Ⅳ. ①Q96-49②Q969.514.5-49

中国版本图书馆CIP数据核字(2021)第175876号

昆虫观察第一课·象甲
KUNCHONG GUANCHA DI-YI KE XIANGJIA

策划 / 蒲公英童书馆 责任编辑 / 颜小鹏 执行编辑 / 李兰兰 装帧设计 / 王艳霞 责任印制 / 郑海鸥
出版发行 / 贵州出版集团 贵州人民出版社 地址 / 贵阳市观山湖区会展东路SOHO办公区A座 电话 / 010-85805785（编辑部）
印刷 / 北京华联印刷有限公司（010-87110703）
版次 / 2022年5月第1版 印次 / 2022年5月第1次印刷 开本 / 860mm×1092mm 1/16 印张 / 2.25 字数 / 28千字
定价 / 228.00元（全10册）
官方微博 / weibo.com/poogoyo 微信公众号 / pugongyingkids 蒲公英检索号 / 210401000

如发现图书印装质量问题，请与印刷厂联系调换 / 版权所有，翻版必究 / 未经许可，不得转载

昆虫观察
第一课 秋天鸣叫的虫

[日] 安永一正 文图　黄 帆 译

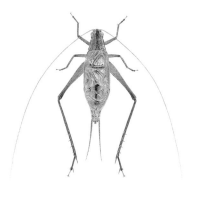

昆虫观察第一课

第一课 秋天 鸣叫的虫

[日] 安永一正 文图　黄 帆 译

贵州出版集团　贵州人民出版社

凯纳奥蟋（雄）

雄虫的翅膀很小，
叫的时候会竖起翅膀。

凯纳奥蟋（雌）

雌虫没有翅膀，不会叫。

喔喔……

从院里的矮树丛中，
传来轻轻的虫叫声，
是凯纳奥蟋在叫。
秋天里能听到各种虫子的叫声。
它们都在什么地方，
发出怎样的叫声呢？
让我们一起去找找吧。

※ 会叫的虫大多是雄虫。

梨片蟋（雌）

梨片蟋（雄）

通过摩擦背上的翅膀
发出声音。
在樱花树上
经常能找到。

4

哩——哩——哩——

夕阳西下，天色暗了。
在公园里的梅树上，
大声鸣叫的
就是梨片蟋。
走近去听，
又觉得它叫得像是：
句——句——句——

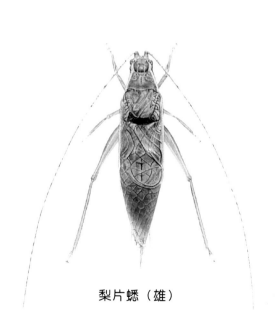

梨片蟋（雄）

我们来到了树林旁的草丛。

啡铃铃铃……

草丛里传来了双带拟蛉蟋
清脆的叫声。
朝着叫声的方向找去，
却根本看不到它的影子。

双带拟蛉蟋（雄）

双带拟蛉蟋个子小，
很会躲藏。

双带拟蛉蟋
（雄）

喽喽喽喽喽……

夜里，
轻声叫个不停的
是长瓣树蟋。
它喜欢从草缝里、泥洞中
伸出头来叫。

长瓣树蟋（雄）

长瓣树蟋（雄）

吱——咿喔

又传来了
日本似织螽的叫声。
它边走边跳，
东边叫叫，西边叫叫。

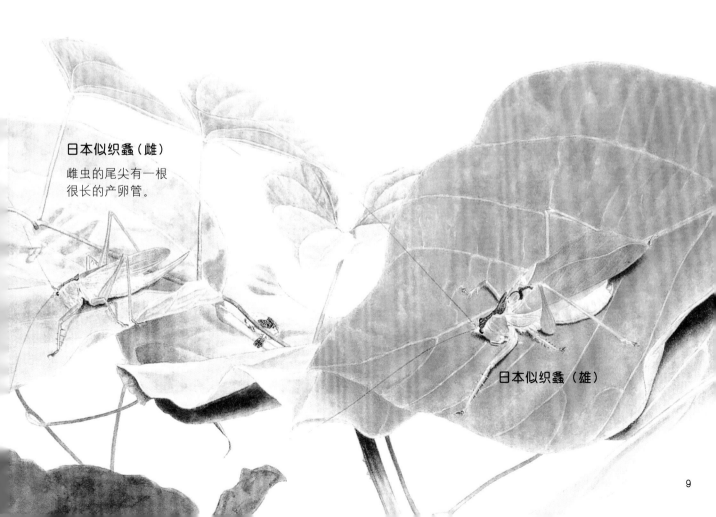

日本似织螽（雌）
雌虫的尾尖有一根
很长的产卵管。

日本似织螽（雄）

喳吱 喳吱 喳吱

发出这种嘈杂叫声的，
是日本纺织娘。
它白天静悄悄地待在草丛里，
天一黑就放声大叫。

日本纺织娘（雄）

※ 虽然颜色不同，但它们都是
同一种类的日本纺织娘。

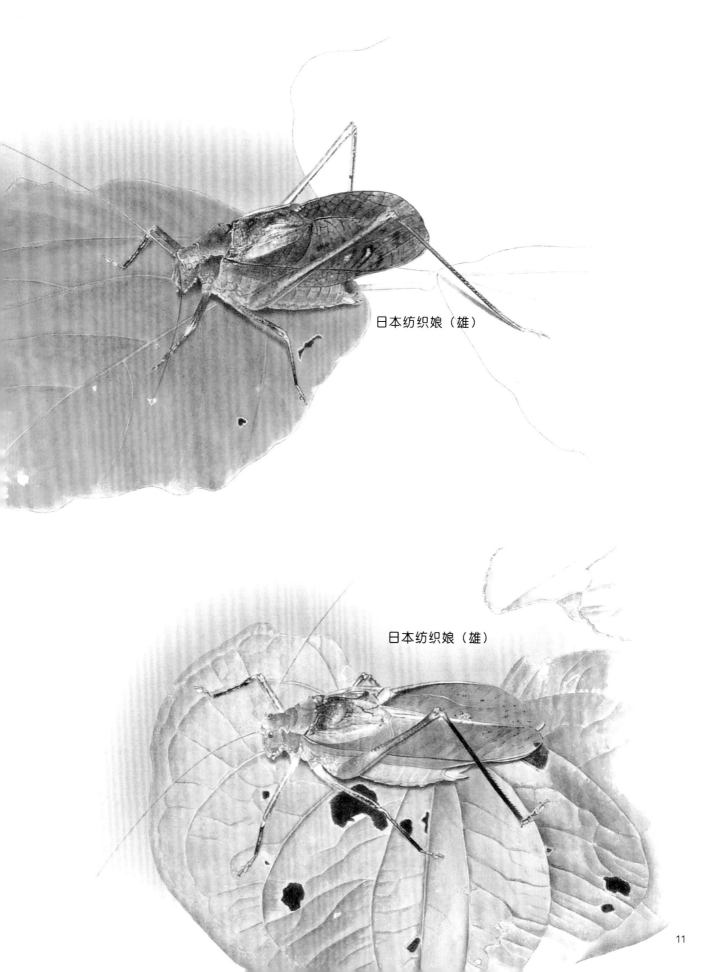

日本纺织娘（雄）

日本纺织娘（雄）

我们来到河滩，
这里有很多鸣虫。

唧——唧——唧——

叫个不停的
是斑腿双针蟋。

迷卡灰针蟋（雄）

斑腿双针蟋
（雄）

※ 它们都生活在矮草空地上或草丛间。

唧————

拉长声音叫的
是迷卡灰针蟋。

它们都是个头小小的鸣虫。

铃……铃……

日本钟蟋（雄）
它们鸣叫的时候，
会慢慢地晃动长长的触角。

叫声听起来很凄凉的，
是日本钟蟋。
它们喜欢待在深草丛中，
所以一般很难看到它们的身影。

日本钟蟋（雄）

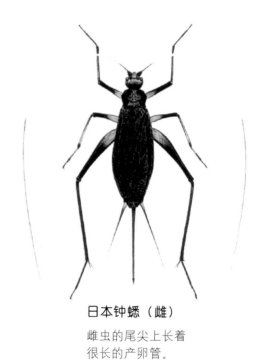

日本钟蟋（雌）

雌虫的尾尖上长着
很长的产卵管。

喊——喊——喊哩哩……
喊——喊哩哩

叫声清脆透彻的，
是云斑金蟋。
远处还传来了它同伴的叫声。

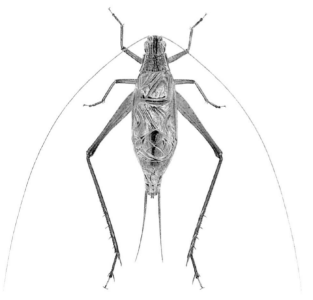

云斑金蟋（雄）

它身上的颜色
看上去和枯叶一样，
待在草丛中很难被发现。

唧唧唧唧　唧唧唧唧

多伊棺头蟋
（雄）

多伊棺头蟋
（雌）

多伊棺头蟋（雄）的脸部

雄虫的脸部两侧呈三个角突起。
雌虫的脸是圆的。

多伊棺头蟋的叫声很尖脆。
它们是河滩、田边
和草地上常见的昆虫。

哩哩哩哩 哩哩哩哩

清晰棺头蟋（雄）

清晰棺头蟋（雌）

清晰棺头蟋（雄）的脸部
雄虫的脸是平的。
雌虫的脸是圆的。

这是清晰棺头蟋。
在有多伊棺头蟋的地方，
或者院子里经常看到它们。

迷卡斗蟋
（雄）

哩——哩——哩——

发出这种叫声的是迷卡斗蟋，
河滩边、草地上、院子里……
很多地方都能见到。

它们还经常藏在石头下面。

黄脸油葫芦（雄）

黄脸油葫芦
（雌）

咕噜咕噜咕噜哩——

叫得很酣畅的是这只
又大又壮的黄脸油葫芦。

听到这种叫声，
赶紧到草丛中、石头下去找一找，
肯定找得到。

它们还经常躲在洞里。

还有好多呢！

它们都是怎么叫的呢？

唧喊唧喊唧喊……

呜依——嗯

雌虫不会叫。

● 斑点铁蟋（雄）

叫声高亢，
生活在草丛里。

● 斑点铁蟋（雌）

● 悦鸣草蟋（雄）

在树林旁的草丛里
经常见得到。

唏哩哩哩……

● 中华草蟋（雄）

叫声不大，
生活在草丛里。

……

呛喊——嘶

● 哑蛉蟋（雄）

哎呀！
明明是蟋蟀家族成员，
可雄虫雌虫都不会叫。
在公园的树上能找到。

● 暗褐蝈螽（雄）

喜欢在夏季叫，
生活在草丛里。

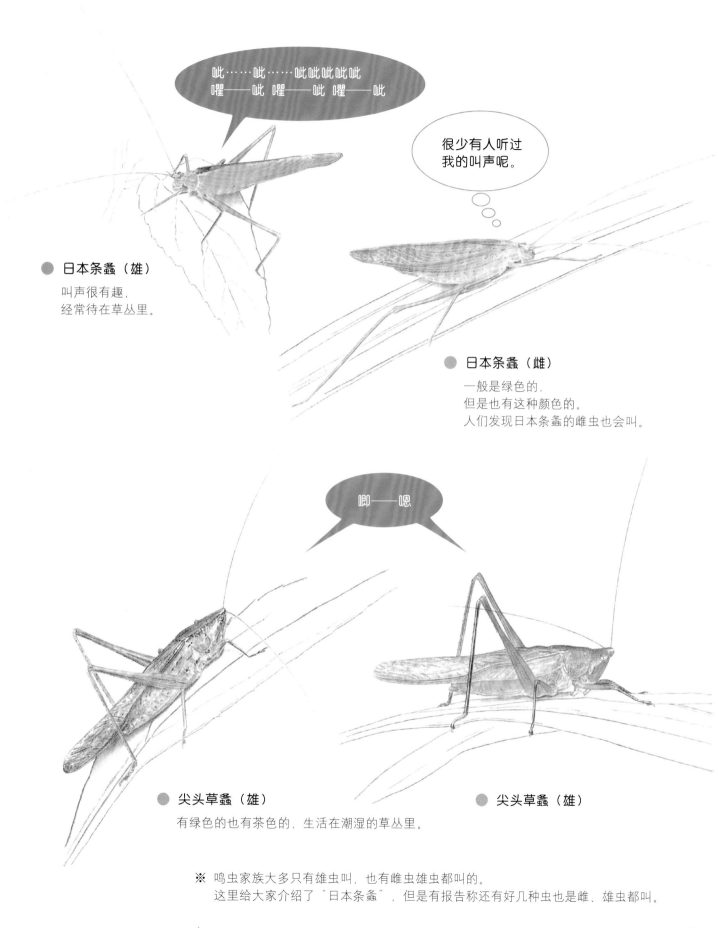

● 日本条蟊（雄）

叫声很有趣，
经常待在草丛里。

● 日本条蟊（雌）

一般是绿色的，
但是也有这种颜色的。
人们发现日本条蟊的雌虫也会叫。

● 尖头草蟊（雄）

有绿色的也有茶色的，生活在潮湿的草丛里。

● 尖头草蟊（雄）

※ 鸣虫家族大多只有雄虫叫，也有雌虫雄虫都叫的。
这里给大家介绍了"日本条蟊"，但是有报告称还有好几种虫也是雌、雄虫都叫。

鸣虫报

·蛐蛐铃通讯社·

让我们动手养蟋蟀吧！

垫上报纸。

用厚纸为蟋蟀做几个房子。

放进些吸满水的棉花，做一个饮水处。

放进苹果、胡萝卜、小鱼干、鲣鱼干等各种饲料。

如果同时饲养雌、雄虫，要放进沙子或红土，因为雌虫可能会产卵。

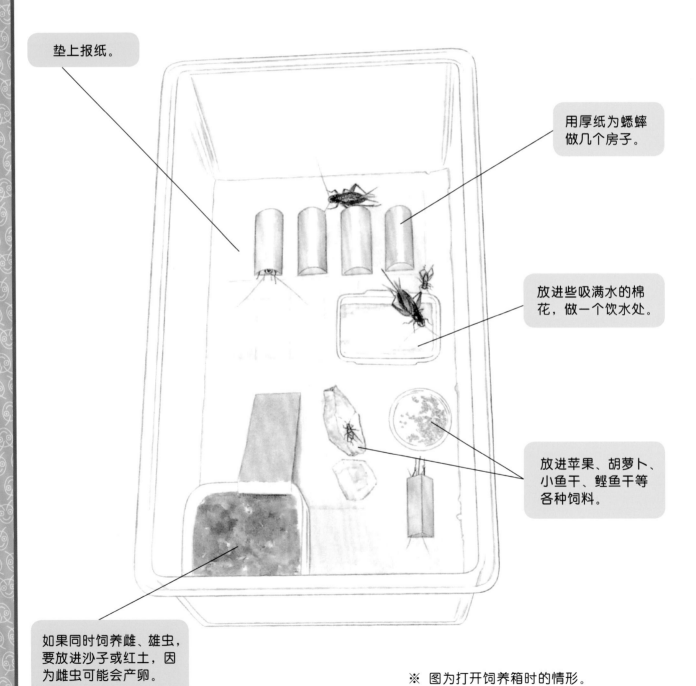

※ 图为打开饲养箱时的情形。
饲养的时候要盖上盖子，以防蟋蟀逃跑。

24

蟋蟀的秘密

● 蟋蟀是怎么叫的？
是通过摩擦翅膀发出声音的。

● 它的耳朵在哪儿呢？
在前腿上。

就是摩擦
这个地方哦。

黄脸油葫芦
（雄）

这个白色的地方
就是耳朵哦。

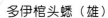

多伊棺头蟋（雄）

● 它们在干什么呢？
两只雄虫头顶头，正在打架呢。

比比看！

这只蟋蟀是银川油葫芦
跟黄脸油葫芦长得很像，
但是脸的颜色、叫声都不同。
在很多的地方都能找到它。

哩呖哩呖哩呖……

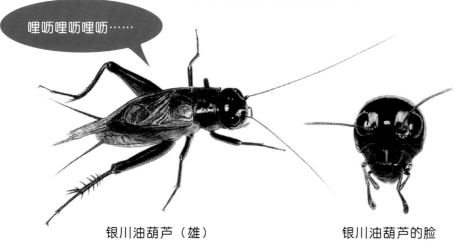

银川油葫芦（雄）

银川油葫芦的脸

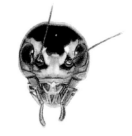

黄脸油葫芦的脸

还可以参照 21 页的黄脸油葫芦。

 **动手养蟋蟀！**

如果从蟋蟀若虫开始饲养，
也许能看到它蜕皮变身成虫的时刻。

蟋蟀蜕皮后就会长大。

黄脸油葫芦的若虫

（雄）

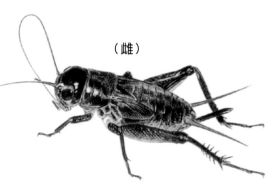

（雌）

刚蜕皮的时候，翅膀和身体都很软，
它会一动不动，直到变硬为止。

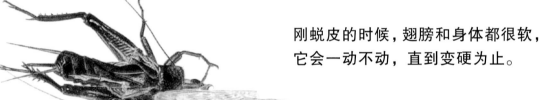

（雌）

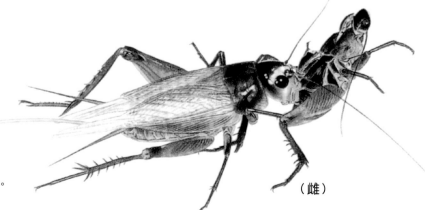

它们会把蜕下来的皮吃得干干净净。

（雌）

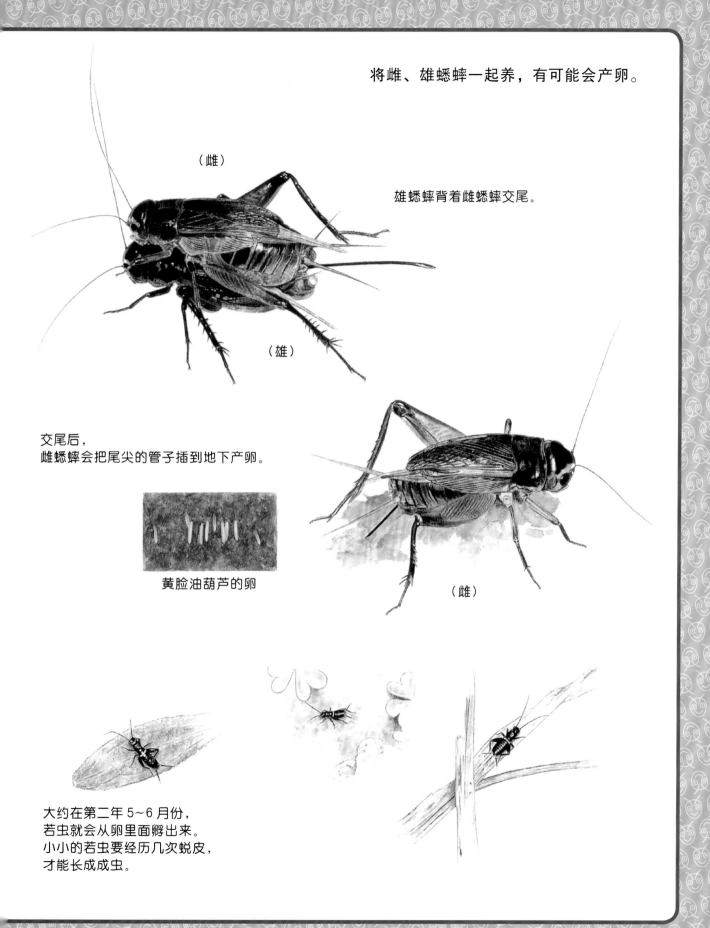

将雌、雄蟋蟀一起养，有可能会产卵。

（雌）

雄蟋蟀背着雌蟋蟀交尾。

（雄）

交尾后，
雌蟋蟀会把尾尖的管子插到地下产卵。

黄脸油葫芦的卵

（雌）

大约在第二年 5~6 月份，
若虫就会从卵里面孵出来。
小小的若虫要经历几次蜕皮，
才能长成成虫。

秋天的鸣虫

秋天鸣叫的蟋蟀和螽斯家族在日本有90多种。蟋蟀类的鸣虫身体上下扁平，螽斯类是左右扁平。

分季节鸣叫的昆虫还有油蝉，但是民间歌谣中唱到的"虫声"，一般指的是蟋蟀和螽斯的叫声。它们当中也有在春季和初夏开叫的，不尽是秋鸣虫。但是，要想听到多种昆虫同时鸣叫，只有在秋季才行。

本书介绍了20多种我们熟悉的或比较有名的秋鸣虫。我尽量用接近实际的声音来表达它们的叫声，但是，有些叫声还是很难用文字表达。此外，随着气温的变化，它们叫声的节奏也会有所不同。

生活习惯特点

鸣虫中，有像日本纺织娘、云斑金蟋这种只在晚上叫的昆虫，也有像双带拟蛉蟋这种只在白天叫的昆虫。而像黄脸油葫芦那样，气温高的时候夜里叫，深秋夜间气温变冷后又变成在白天叫，这种鸣虫还不少。

鸣虫的居住场所多种多样，树木上、草叶上、有树根的地面、石头下面，等等。不同种类的鸣虫喜欢不同的生活环境，比如那儿生长着什么样的植物，干燥还是潮湿。市郊很难见到日本纺织娘，据说它们只能生活在黑暗的地方。本书中取材于夜间的场景就是高树环绕，一片漆黑。

日本钟蟋是人们饲养最多的鸣虫，但是在河滩上只能听到少数几只日本钟蟋断断续续地鸣叫，让人觉得很凄凉。要是养得多的话，它们相互竞争，叫法又不同了。

恩爱的蟋蟀

为了创作本书，我饲养了很多鸣虫，好多事情也是养了鸣虫以后才明白的。

我曾不小心把一对黄脸油葫芦中的雌虫放跑了，它钻进了一大堆资料中，怎么也找不到。我找了半天，抬头一看箱子，发现剩下的雄虫左右来回地跑，看样子是在寻找雌虫。它还开始鸣叫，一边发出咕噜咕噜哩的求爱声，一边不安地来回跑着。

黄脸油葫芦的叫声有三种，只有在有雌虫的情况下，雄虫才会发出求爱的叫声（另外两种分别是平时的叫声和打架时的威胁声），仿佛在呼唤跑丢的雌虫一样。

我知道我做错事了，但还是找不到雌虫。我关上房间的灯，过了一个小时以后，又悄悄去看。没想到，雌虫正趴在饲养箱旁边。虽然我还有几个饲养箱，但是它就待在自己伴侣的箱子旁，一动不动。两只蟋蟀又重逢了。

一对蟋蟀待在一起时，常常是一只把前肢搭在另一只身上，触角挨着触角，然后一动不动地待在一起。我还见过雄蟋蟀把脚放下后，雌蟋蟀又搭上去的情景，也许这就是"感情交流"吧。蟋蟀的行为和互动方式，出人意料的细腻。

（安永一正）

28

写给本书的读者

昆虫的叫声听起来像什么，
有时候是因人而异的。
本书中描述的叫声，
也许大家听起来觉得不对。
希望大家能亲自去听听，
自然界中昆虫的实际叫声。

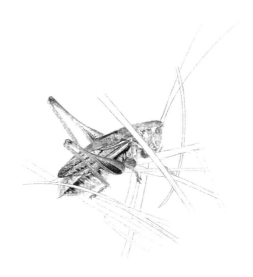

Akinonakumushi

Copyright © 2004 by Kazumasa Yasunaga

First published in Japan in 2004 by FROEBEL-KAN COMPANY, LIMITED.

Simplified Chinese Translation copyright © 2022 by Beijing Dandelion Children's Book House Co., Ltd.

Through Future View Technology Ltd.

All rights reserved.

版权合同登记号 图字：22-2021-034

图书在版编目（CIP）数据

昆虫观察第一课．秋天鸣叫的虫 / （日）安永一正文
图；黄帆译．-- 贵阳：贵州人民出版社，2022.5
ISBN 978-7-221-16697-5

Ⅰ．①昆… Ⅱ．①安… ②黄… Ⅲ．①昆虫—儿童读
物 Ⅳ．①Q96-49

中国版本图书馆CIP数据核字(2021)第175877号

昆虫观察第一课·秋天鸣叫的虫
KUNCHONG GUANCHA DI-YI KE　QIUTIAN MINGJIAO DE CHONG

策划 / 蒲公英童书馆　责任编辑 / 颜小鹏　执行编辑 / 李兰兰　装帧设计 / 王艳霞　责任印制 / 郑海鸥
出版发行 / 贵州出版集团　贵州人民出版社　地址 / 贵阳市观山湖区会展东路SOHO办公区A座　电话 / 010-85805785（编辑部）
印刷 / 北京华联印刷有限公司（010-87110703）
版次 / 2022年5月第1版　印次 / 2022年5月第1次印刷　开本 / 860mm×1092mm 1/16　印张 / 2.25　字数 / 28千字
定价 / 228.00元（全10册）
官方微博 / weibo.com/poogoyo　微信公众号 / pugongyingkids　蒲公英检索号 / 210401000

如发现图书印装质量问题，请与印刷厂联系调换 / 版权所有，翻版必究 / 未经许可，不得转载

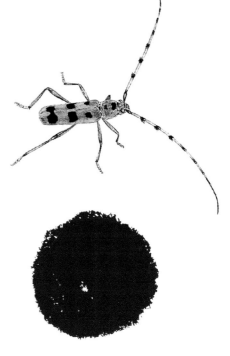

昆虫观察
第一课 找虫去!

[日] 安永一正 文图　黄 帆 译

昆虫观察
第一课 找虫去！

[日] 安永一正 文图　黄 帆 译

贵州出版集团　贵州人民出版社

夏日午后

茂密的丛林中，
活跃着各种各样的虫子。
现在，就让我们找找看吧！

※ 快看看画面里有几只虫子？

※ 共有9只。

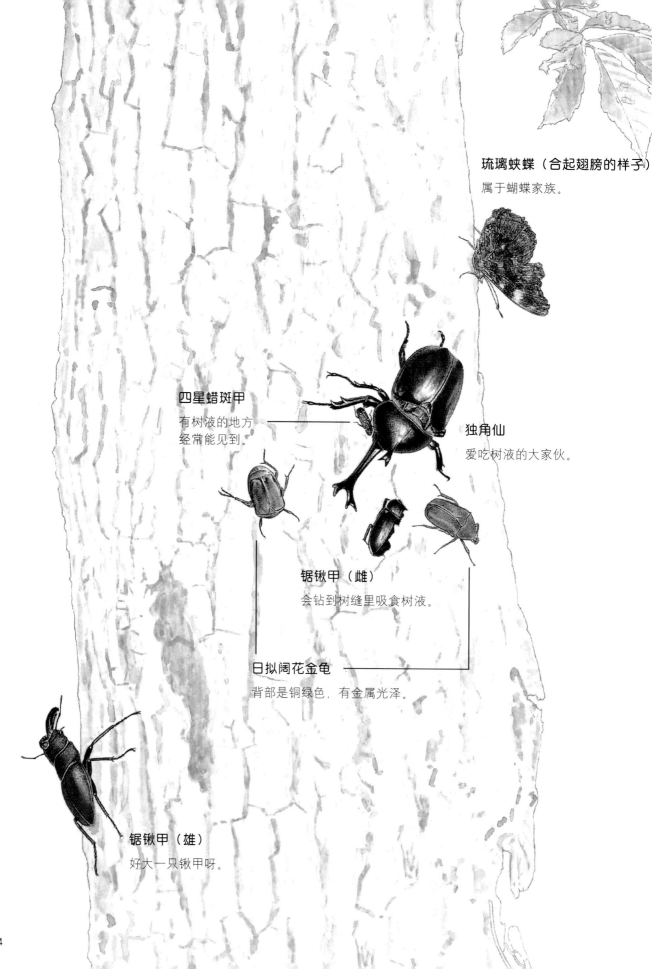

琉璃蛱蝶（合起翅膀的样子）

属于蝴蝶家族。

四星蜡斑甲

有树液的地方
经常能见到。

独角仙

爱吃树液的大家伙。

锯锹甲（雌）

会钻到树缝里吸食树液。

日拟阔花金龟

背部是铜绿色，有金属光泽。

锯锹甲（雄）

好大一只锹甲呀。

巨圆臀大蜓

是日本最大的蜻蜓。

有这些昆虫哦！

菜粉蝶

它们经常出现在贴近地面的
颜色明快的花朵上。

草丛里

我们来到长满野草的地方，
这里也有很多昆虫。
它们在哪儿呢？

※ 共有11只。

我们在这儿呢！

异色瓢虫
这类瓢虫的颜色
与花纹千变万化。

沟眶象
雄虫骑在雌虫背上。

异色灰蜻
生活在我们身边的蜻蜓。

塔癞象
经常一动不动地趴在叶子上。

邦内特姬螽（雄）
是螽斯家族的成员。

长腹蒙蛛

是蜘蛛家族的成员。

红灰蝶

草地上常见的小蝴蝶。

邦内特姬螽（雌）

很多雌、雄虫一起
生活在同一个地方。

东方灌木螽

是螽斯家族的成员，
雄虫很擅长鸣叫。

大食虫虻

专捉其他虫吃。

在树叶和树枝上

抬头一看，绿树成荫。
那么，虫子究竟在哪儿呢？

※ 共有11只。

黄星天牛

经常在桑树、无花果树上看到。

日本广翅蜡蝉

蝉的亲戚。

碧蛾蜡蝉

经常很多只聚集在一起。

我们在这儿呢！

类青新园蛛
是蜘蛛家族的成员。

桑天牛
正在啃桑树枝的皮吃。

茶翅蝽
一旦被捉住，就会释放臭气。

桑脊虎天牛
经常会在桑树附近看到。

竹节虫
前股一齐向前伸着。

广斧螳（若虫）
经常待在树上的螳螂。

木材堆上

现在，我们来到了一片被砍倒的树木前，
你知道虫子在哪儿吗？

※ 共有10只。

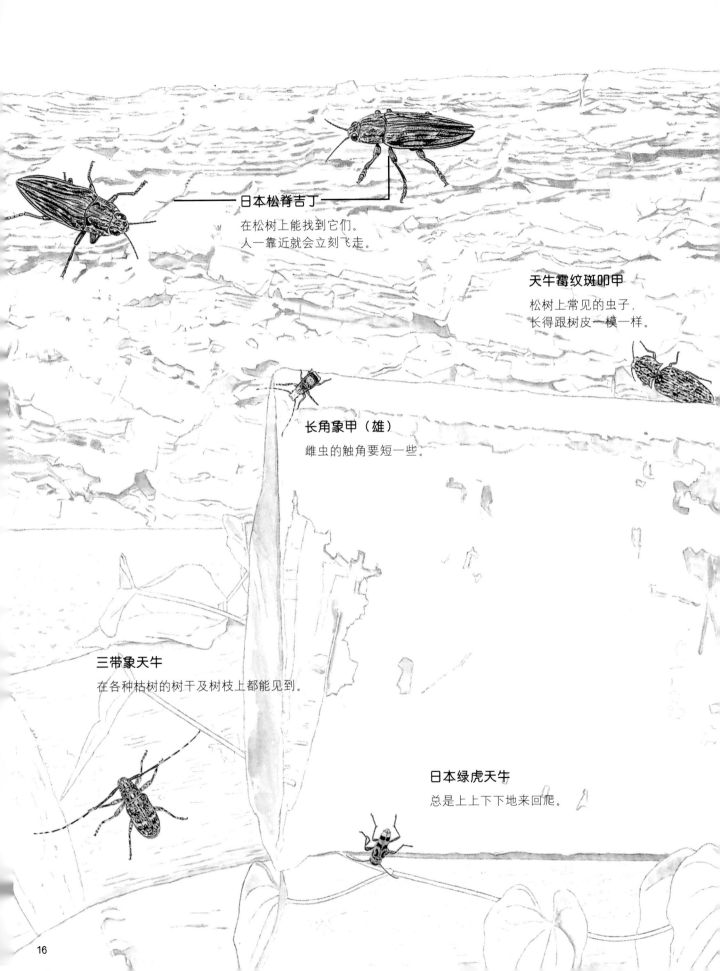

日本松脊吉丁

在松树上能找到它们。
人一靠近就会立刻飞走。

天牛霉纹斑叩甲

松树上常见的虫子，
长得跟树皮一模一样。

长角象甲（雄）

雌虫的触角要短一些。

三带象天牛

在各种枯树的树干及树枝上都能见到。

日本绿虎天牛

总是上上下下地来回爬。

我们在这儿呢！

散愈斑格虎天牛
正在整理前肢。

琉璃星天牛
是一种很漂亮的天牛。

散愈斑格虎天牛
常常在同一个地方看到好几只。

长绿天牛
刚飞上树来。

深草丛里

这儿是河边的一片草丛。
虫子在哪儿呢？

※ 共有10只。

小翅稻蝗

是蚂蚱家族的成员。
有时，它们会聚集在同一个地方。

二色戛蝗

与草叶融为一体，
很难发现。

谷蟓

一种触角很短的蟓。

大螳螂

它们潜伏着，
伺机捕捉其他虫子。

我们在这儿呢！

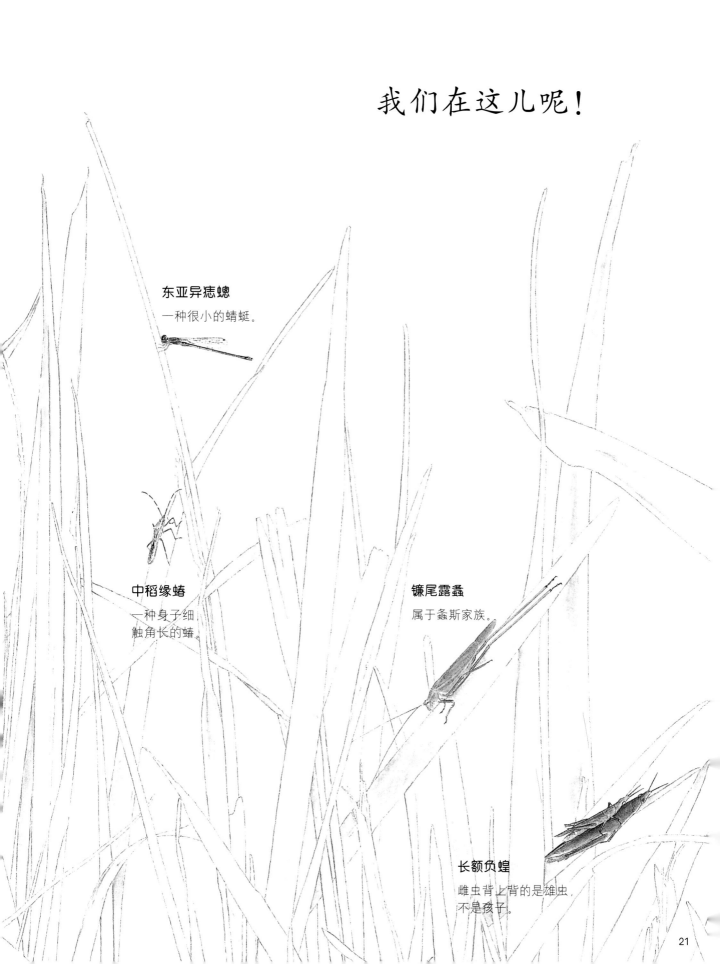

东亚异痣螅
一种很小的蜻蜓。

中稻缘蝽
一种身子细
触角长的蝽。

镰尾露螽
属于螽斯家族。

长额负蝗
雌虫背上背的是雄虫，
不是孩子。

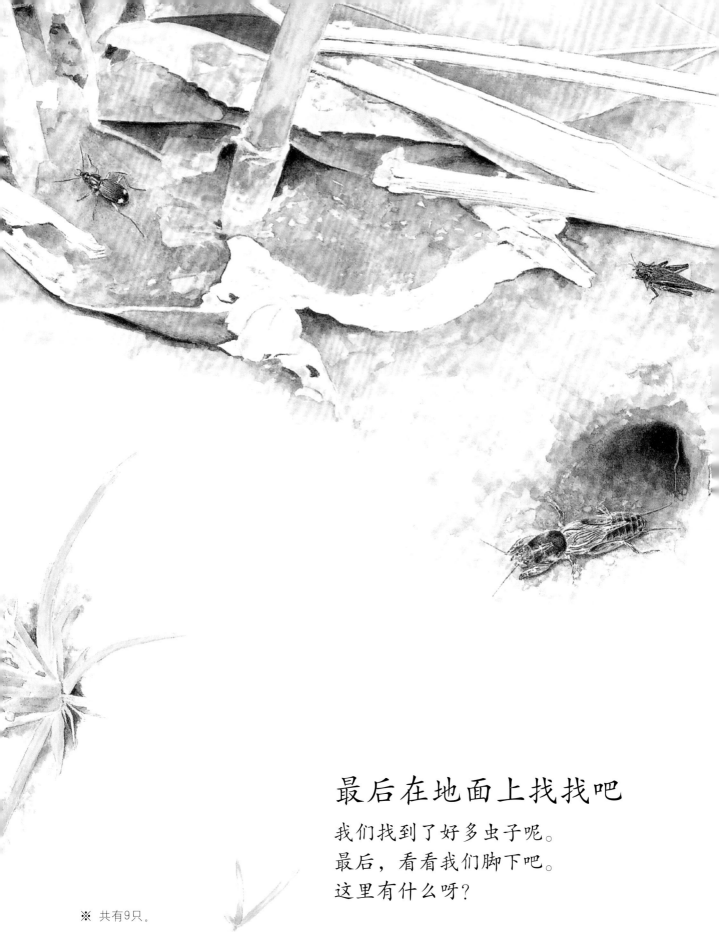

最后在地面上找找吧

我们找到了好多虫子呢。
最后，看看我们脚下吧。
这里有什么呀？

※ 共有9只。

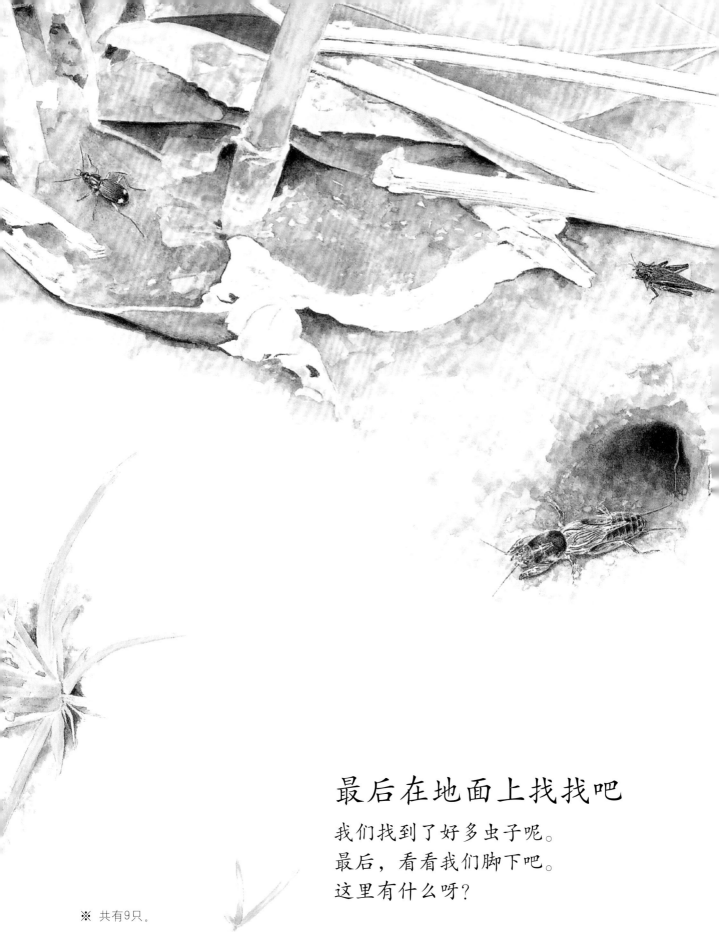

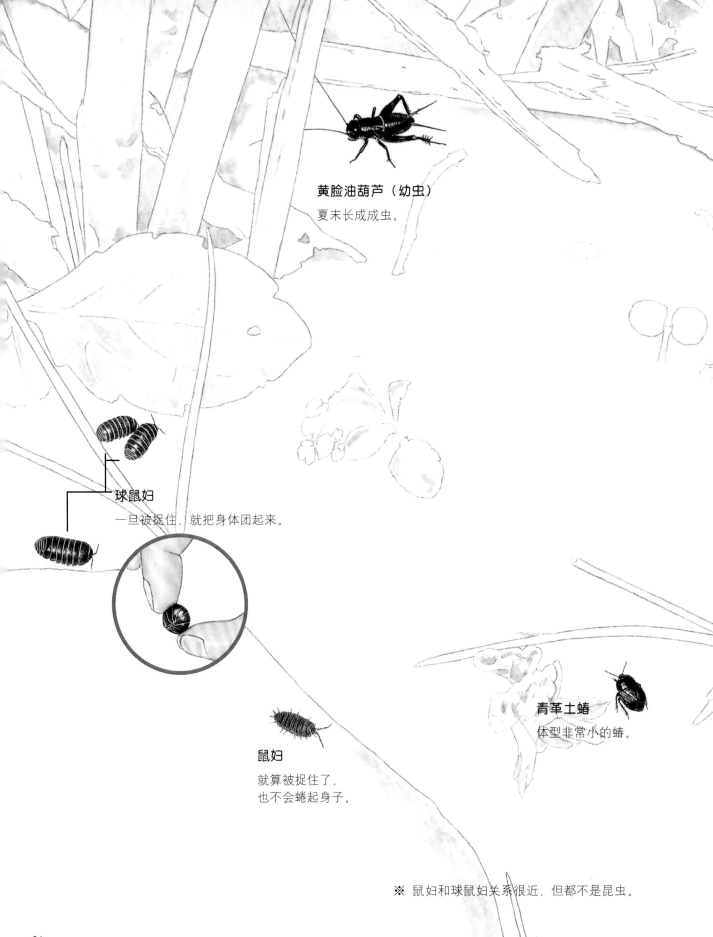

黄脸油葫芦（幼虫）
夏末长成成虫。

球鼠妇
一旦被捉住，就把身体团起来。

鼠妇
就算被捉住了，
也不会蜷起身子。

青革土蝽
体型非常小的蝽。

※ 鼠妇和球鼠妇关系很近，但都不是昆虫。

后斑青步甲

很漂亮的虫，
身上有闪闪发亮的红色花纹。

日本羊角蚱

生活在水田旁、河滩边
等潮湿的地方。

蝼蛄

平常生活在泥土里，
但是到了夜晚，
时常会朝着有光亮的地方飞。

还有这样的虫！

不同的地方，
生活着不同的虫子。
走，大家都到室外
找虫子去！

寻虫报

·昆虫通讯社·

昆虫跟你捉迷藏

昆虫藏在各种不同的地方,有的不常露面。
不同的虫,躲藏的方法也不同。

● 我藏在洞里呢!

黄脸油葫芦
藏在地下的洞里。

● 我躲在草丛中呢!

螽斯在草丛里鸣叫。
平常它躲在草丛里,
很少露面。

● 我躲在背后呢!

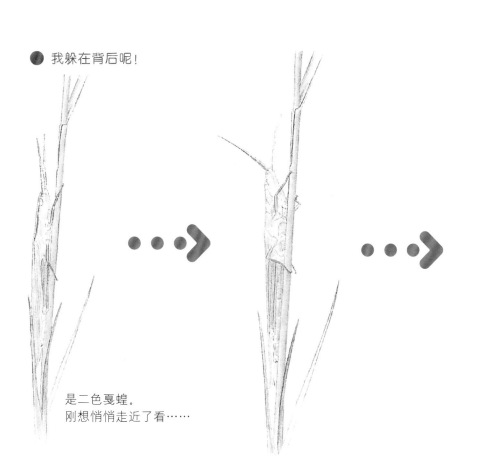

是二色戛蝗。
刚想悄悄走近了看……

它嗖的一下
就转到草叶背后
藏起来了。

● 我躲在泡泡里呢!

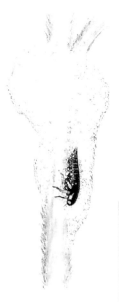

沫蝉的若虫
吐出泡沫,
把自己藏起来。

嗯?树枝上有泡泡呀。

一旦长成成虫,
它就会从泡沫中钻出来。

找虫去！

本书里一共出现了50种昆虫。除去地面的场景（22～25页）以及《昆虫报》中的部分昆虫，画面中的昆虫都比实物小。尽管画面不大，但我尽量注意不让植物遮住它们，以展现出它们的全貌。因此，我设计了找虫子的游戏。虽然不尽完美，但我还是希望能留给小朋友们一个较深的印象：在这样的地方，有这样的虫子，这样生活着。有些种类的昆虫本书没有提到，但愿大家能以本书为契机，发现更多的昆虫。

什么地方容易找到虫子呢？

小孩往往比大人更擅长找虫子，因为他们的视线低，大人没留意到的虫子，他们一下子就能在草丛的角落里发现。如果发现的是没见过的、长得漂亮的或是形状奇特的虫子，他们肯定兴趣盎然。要想找到平时没见过的虫子，只有到那些虫子生活的地方去。那么，它们生活在哪些地方呢？

野草茂盛的地方，应该会有不少虫子。不过，草多的地方有时也没有多少虫子。最近才长草的地方不行，要近几年内一直都长着茂盛草丛的地方才好。没人打理的闲置草地，是昆虫比较喜欢的地方。在那里，肯定能见到许多种类的昆虫。

草地里的虫子

没人打理的闲置草地里，一般生活着吃草叶和草茎的小甲虫家族、蝽斯家族以及椿象家族，还有以粘在草上的蚜虫为食的瓢虫。有蝴蝶幼虫爱吃的草时，也会有蝴蝶。而且，这种地方还会有专吃这些昆虫的蜘蛛或螳螂，或许蜻蜓也会在这里停下来歇歇翅膀。

木材上的虫子

山间杂树林的道路两侧，经常能见到成堆的木材，这些木材上常常会有天牛。天牛的幼虫就生活在木材里。天牛的同类们，好多在木材上爬来爬去，就像在开运动会。另外，还有吉丁虫、象甲等各种甲虫。林边的木材堆、柴火堆里，就有这样的昆虫。

不过，有没有虫子，也与木材堆积的场所、堆积时间的长短有关。在一个地方找不到想要找的虫子，换一个地方继续找是常有的事。有时候，也会经常遇到大家都没见过的虫子，一下子让人大吃一惊。

试着多找找，别错过找虫子时的乐趣。

（安永一正）

Mushi wo sagasou

Copyright © 2006 by Kazumasa Yasunaga

First published in Japan in 2006 by FROEBEL-KAN COMPANY, LIMITED.

Simplified Chinese Translation copyright © 2022 by Beijing Dandelion Children's Book House Co., Ltd.

Through Future View Technology Ltd.

All rights reserved.

版权合同登记号 图字:22-2021-034

图书在版编目(CIP)数据

昆虫观察第一课. 找虫去! / (日) 安永一正文图 ;
黄帆译. -- 贵阳 : 贵州人民出版社, 2022.5
ISBN 978-7-221-16697-5

Ⅰ. ①昆… Ⅱ. ①安… ②黄… Ⅲ. ①昆虫—儿童读
物 Ⅳ. ①Q96-49

中国版本图书馆CIP数据核字(2021)第175874号

昆虫观察第一课·找虫去!
KUNCHONG GUANCHA DI-YI KE ZHAO CHONG QU

策划 / 蒲公英童书馆 责任编辑 / 颜小鹃 执行编辑 / 李兰兰 装帧设计 / 王艳霞 责任印制 / 郑海鸥
出版发行 / 贵州出版集团 贵州人民出版社 地址 / 贵阳市观山湖区会展东路SOHO办公区A座 电话 / 010-85805785 (编辑部)
印刷 / 北京华联印刷有限公司 (010-87110703)
版次 / 2022年5月第1版 印次 / 2022年5月第1次印刷 开本 / 860mm×1092mm 1/16 印张 / 2.25 字数 / 28千字
定价 / 228.00元 (全10册)
官方微博 / weibo.com/poogoyo 微信公众号 / pugongyingkids 蒲公英检索号 / 210401000

如发现图书印装质量问题,请与印刷厂联系调换 / 版权所有,翻版必究 / 未经许可,不得转载

姓名 _____

年级 _____

🕐　　　年　　月　　日　　☀ 天　气

观察地点　　　　　　　　观察对象

开始时间　　　　　　　　结束时间

记　录　人　　　　　　　同　行　人

📝 **昆虫观察记录**

数　量　　　　　　　　　颜　色

大　小　　　　　　　　　特　征

发现地点

🔍 我的发现

图文并茂记录下你观察到的昆虫正在做什么吧！

🕐　　年　　月　　日　　☀ 天　气

观察地点　　　　　　　　观察对象

开始时间　　　　　　　　结束时间

记　录　人　　　　　　　同　行　人

📝 **昆虫观察记录**

数　量　　　　　　　　　颜　色

大　小　　　　　　　　　特　征

发现地点

🔍 我的发现

图文并茂记录下你观察到的昆虫正在做什么吧！

🕐 　 年 　 月 　 日　　☀ 天 气

观察地点　　　　　　　　观察对象

开始时间　　　　　　　　结束时间

记 录 人　　　　　　　　同 行 人

📝 **昆虫观察记录**

数 量　　　　　　　　颜 色

大 小　　　　　　　　特 征

发现地点

🔍 我的发现

图文并茂记录下你观察到的昆虫正在做什么吧!

🕐 　　年　　月　　日　　☀ 天 气

观察地点　　　　　　　观察对象

开始时间　　　　　　　结束时间

记 录 人　　　　　　　同 行 人

📝 **昆虫观察记录**

数　量　　　　　　　　颜　色

大　小　　　　　　　　特　征

发现地点

🔍 我的发现

图文并茂记录下你观察到的昆虫正在做什么吧！

🕐 　　年　　月　　日　　☀ 天 气

观察地点　　　　　　　　观察对象

开始时间　　　　　　　　结束时间

记 录 人　　　　　　　　同 行 人

📝 **昆虫观察记录**

数　量　　　　　　　　　颜　色

大　小　　　　　　　　　特　征

发现地点

🔍 我的发现

图文并茂记录下你观察到的昆虫正在做什么吧！

🕐 　　年　　月　　日　　☀ 天 气

观察地点　　　　　　　　　　观察对象

开始时间　　　　　　　　　　结束时间

记 录 人　　　　　　　　　　同 行 人

📝 **昆虫观察记录**

数 量　　　　　　　　　　　颜 色

大 小　　　　　　　　　　　特 征

发现地点

🔍 我的发现

图文并茂记录下你观察到的昆虫正在做什么吧！

🕐　　年　月　日　☀ 天　气

观察地点　　　　　　　观察对象

开始时间　　　　　　　结束时间

记 录 人　　　　　　　同 行 人

📝 昆虫观察记录

数　量　　　　　　　　颜　色

大　小　　　　　　　　特　征

发现地点

🔍 我的发现

图文并茂记录下你观察到的昆虫正在做什么吧！

🕐　　年　月　日　　☀ 天　气

观察地点　　　　　　　　观察对象

开始时间　　　　　　　　结束时间

记 录 人　　　　　　　　同 行 人

📝 **昆虫观察记录**

数　量　　　　　　　　　颜　色

大　小　　　　　　　　　特　征

发现地点

🔍 我的发现

图文并茂记录下你观察到的昆虫正在做什么吧！

🕐　　　年　　月　　日　　☀ 天　气

观察地点　　　　　　　　观察对象

开始时间　　　　　　　　结束时间

记 录 人　　　　　　　　同 行 人

📝 **昆虫观察记录**

数　量　　　　　　　　　颜　色

大　小　　　　　　　　　特　征

发现地点

Q 我的发现

图文并茂记录下你观察到的昆虫正在做什么吧！

🕐 　 年 　 月 　 日 　 ☀ 天 气

观察地点　　　　　　　观察对象

开始时间　　　　　　　结束时间

记 录 人　　　　　　　同 行 人

📝 **昆虫观察记录**

数 　 量　　　　　　　颜 　 色

大 　 小　　　　　　　特 　 征

发现地点

🔍 我的发现

图文并茂记录下你观察到的昆虫正在做什么吧！

🕐 　年　　月　　日　　☀ 天　气

观察地点　　　　　　　　观察对象

开始时间　　　　　　　　结束时间

记 录 人　　　　　　　　同 行 人

📝 **昆虫观察记录**

数　量　　　　　　　　　颜　色

大　小　　　　　　　　　特　征

发现地点

🔍 我的发现

图文并茂记录下你观察到的昆虫正在做什么吧！

🕐 　　年　月　日　　☀ 天　气

观察地点　　　　　　　　观察对象

开始时间　　　　　　　　结束时间

记 录 人　　　　　　　　同 行 人

📝 **昆虫观察记录**

数　量　　　　　　　　　颜　色

大　小　　　　　　　　　特　征

发现地点

🔍 我的发现

图文并茂记录下你观察到的昆虫正在做什么吧！

🕐　　年　　月　　日　　☀天　气

观察地点　　　　　　　　观察对象

开始时间　　　　　　　　结束时间

记　录　人　　　　　　　同　行　人

📝 **昆虫观察记录**

数　量　　　　　　　　　颜　色

大　小　　　　　　　　　特　征

发现地点

🔍 我的发现

图文并茂记录下你观察到的昆虫正在做什么吧！

🕐 　 　 年 　 月 　 日 　 　 ☀ 天 　 气

观察地点　　　　　　　　观察对象

开始时间　　　　　　　　结束时间

记 录 人　　　　　　　　同 行 人

📝 **昆虫观察记录**

数 　 量　　　　　　　　颜 　 色

大 　 小　　　　　　　　特 　 征

发现地点

🔍 我的发现

图文并茂记录下你观察到的昆虫正在做什么吧！

🕐　　年　月　日　☀ 天　气

观察地点　　　　　　观察对象

开始时间　　　　　　结束时间

记　录　人　　　　　同　行　人

📝 **昆虫观察记录**

数　量　　　　　　　颜　色

大　小　　　　　　　特　征

发现地点

🔍 我的发现

图文并茂记录下你观察到的昆虫正在做什么吧！